학기별 계산력 강화 프로그램

KB164459

바쁜
6학년을
위한

빠른
교과서
연산

학교 진도
맞춤 연산 6-1학기

이지스에듀

저자 소개

징검다리 교육연구소는 바쁜 친구들을 위한 빠른 학습법을 연구하는 이지스에듀의 공부 연구소입니다. 아이들이 기계적으로 공부하지 않도록, 두뇌가 활성화되는 과학적 학습 설계가 적용된 책을 만듭니다.

최순미 선생님은 징검다리 교육연구소의 대표 저자입니다. 이지스에듀에서 《바쁜 5·6학년을 위한 빠른 연산법》과 《바쁜 3·4학년을 위한 빠른 연산법》, 《바쁜 1·2학년을 위한 빠른 연산법》 시리즈를 집필, 새로운 교육과정에 걸맞은 연산 교재로 새 바람을 불러일으켰습니다. 지난 20여 년 동안 EBS, 디딤돌 등과 함께 100여 종이 넘는 교재 개발에 참여해 왔으며 《EBS 초등 기본서 만점왕》, 《EBS 만점왕 평가문제집》 등의 참고서 외에도 《눈높이수학》 등 수십 종의 교재 개발에 참여해 온, 초등 수학 전문 개발자입니다.

바빠 교과서 연산 시리즈 ⑪

바쁜 6학년을 위한
빠른 교과서 연산 6-1학기

초판 인쇄 2019년 11월 20일
초판 7쇄 2024년 11월 20일
지은이 징검다리 교육연구소, 최순미
발행인 이지연
펴낸곳 이지스퍼블리싱(주)
출판사 등록번호 제313-2010-123호
주소 서울시 마포구 잔다리로 109 이지스 빌딩 5층(우편번호 04003)
대표전화 02-325-1722   팩스 02-326-1723
이지스퍼블리싱 홈페이지 www.easyspub.com   이지스에듀 카페 www.easysedu.co.kr
바빠 아지트 블로그 blog.naver.com/easyspub   인스타그램 @easys_edu
페이스북 www.facebook.com/easyspub2014   이메일 service@easyspub.co.kr

기획 및 책임 편집 박지연, 조은미, 정지연, 김현주, 이지혜   교정 박현진   문제풀이 이홍주   감수 한정우
일러스트 김학수   표지 및 내지 디자인 이유경, 정우영   전산편집 아이에스   인쇄 보광문화사
영업 및 문의 이주동, 김요한(support@easyspub.co.kr)   독자 지원 박애림, 김수경   마케팅 라혜주

ISBN 979-11-6303-116-1 64410
ISBN 979-11-6303-032-4(세트)
가격 9,000원

알찬 교육 정보도 만나고 출판사 이벤트에도 참여하세요!

1. 바빠 공부단 카페
cafe.naver.com/easyispub

2. 인스타그램 + 카카오 플러스 친구
@easys_edu   이지스에듀 검색!

• **이지스에듀**는 이지스퍼블리싱의 교육 브랜드입니다.

(이지스에듀는 학생들을 탈락시키지 않고 모두 목적지까지 데려가는 책을 만듭니다!)

덜 공부해도 더 빨라지네? 왜 그럴까?

☆ 이번 학기에 필요한 연산을 한 권에 담은 두 번째 수학 익힘책!

'바빠 교과서 연산'은 이번 학기에 필요한 연산만 모아 똑똑한 방식으로 훈련하는 '학교 진도 맞춤 연산 책'입니다. 실제 요즘 학교에서 배우는 방식으로 설명하고, 작은 발걸음 방식으로 차근차근 문제를 풀도록 배치했습니다. 교과서 부교재처럼 이 책을 푼 후, 학교에 가면 반복 학습 효과가 높을 뿐 아니라 수학에 자신감도 생깁니다.

☆☆ 친구들이 자주 틀린 연산 집중 훈련으로 똑똑하게 완성!

공부는 양보다 질이 더 중요합니다. 쉬운 연산을 반복해서 풀기보다는 내가 약한 연산을 강화해야 실력이 쌓입니다. 그래서 이 책은 연산의 기본기를 다진 다음 친구들이 자주 틀리는 연산만 따로 모아 집중 훈련합니다. 또래 친구들이 자주 틀린 문제를 나도 틀릴 확률이 높기 때문이지요.

또 '내가 틀린 문제'를 따로 적어 한 번 더 복습합니다. 이렇게 훈련하면 적은 시간을 공부해도 연산 실수를 확실히 줄일 수 있습니다. 5분을 풀어도 15분 푼 것과 같은 효과를 누릴 수 있는 거죠!

친구들이
자주 틀린
연산을 연습하니
더 빨라!

☆☆☆ 수학 전문학원들의 연산 꿀팁이 담겨 적은 분량을 공부해도 효과적!

기존의 연산 책들은 계산 속도가 빨라지는 비법을 알려주는 대신 무지막지한 양을 풀게 해 아이들이 연산에 질리는 경우가 많았습니다. 바빠 교과서 연산은 수학 전문학원 원장님들의 노하우가 담긴 연산 꿀팁을 곳곳에 담아, 적은 분량을 훈련해도 계산이 더 빨라집니다!

☆☆☆☆ 목표 시계는 압박하지 않으면서 집중하게 도와 줘요!

각 쪽마다 목표 시간이 적힌 시계가 있습니다. 이 시계는 속도를 독촉하기 위한 게 아니에요. 제시된 목표 시간은 딴짓하지 않고 풀면 보통의 6학년이 풀 수 있는 시간입니다. 시간 안에 풀었다면 웃는 얼굴 ☺에, 못 풀었다면 찡그린 얼굴 ☹에 색칠하세요.

이 책을 끝까지 푼 후, 찡그린 얼굴에 색칠한 쪽만 복습한다면 정말 효과 높은 나만의 맞춤 연산 강화 훈련이 될 거예요.

1. 연산도 학기 진도에 맞추면 효율적! ─ 학교 진도에 맞춘 학기별 연산 훈련서

'바빠 교과서 연산'은 최근 개정된 초등 수학 교과서의 단원을 제시한 연산 책입니다! 이번 학기 수학 교육과정이 요구하는 연산을 한 권에 모아 훈련할 수 있습니다.

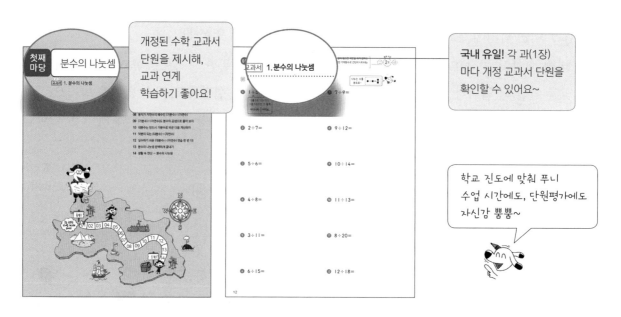

2. '앗 실수'와 '내가 틀린 문제'로 시간을 낭비하지 않는 똑똑한 훈련법!

'앗! 실수' 코너로 친구들이 자주 틀리는 연산을 한 번 더 훈련하고 '내가 틀린 문제'도 직접 쓰고 복습합니다. 약한 연산에 집중하는 것이 바로 시간을 허비하지 않는 비법입니다.

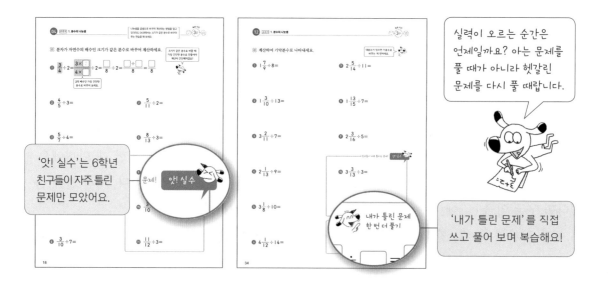

3. 수학 전문학원의 연산 꿀팁과 목표 시계로 학습 효과를 2배 더 높였다!

이 책에는 수학 전문학원 원장님들의 노하우가 담긴 연산 꿀팁이 가득 담겨 있습니다. 또 6학년이 충분히 풀 수 있는 목표 시간을 제시하여 집중하는 재미와 성취감까지 동시에 느낄 수 있습니다.

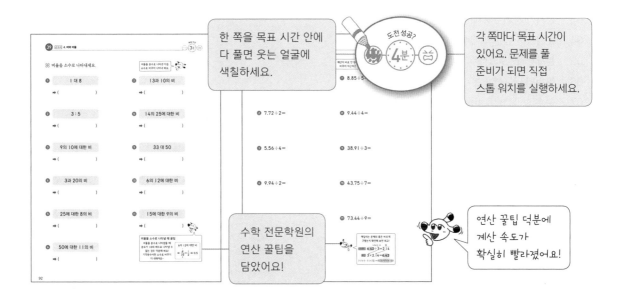

한 쪽을 목표 시간 안에 다 풀면 웃는 얼굴에 색칠하세요.

각 쪽마다 목표 시간이 있어요. 문제를 풀 준비가 되면 직접 스톱 워치를 실행하세요.

수학 전문학원의 연산 꿀팁을 담았어요!

연산 꿀팁 덕분에 계산 속도가 확실히 빨라졌어요!

4. 보너스! 기초 문장제로 확인하고 다양한 활동으로 수 응용력까지 키운다!

개정된 교육과정부터 시험의 절반 이상을 서술형으로 바꾸도록 권장하는 등 점점 '서술형'의 비중이 높아지고 있습니다. 따라서 연산 훈련도 문장제까지 이어 주면 효과적입니다. 각 마당의 공부가 끝나면 '생활 속 문장제'와 '맛있는 연산 활동'으로 수 감각과 응용력을 키우며 마무리합니다.

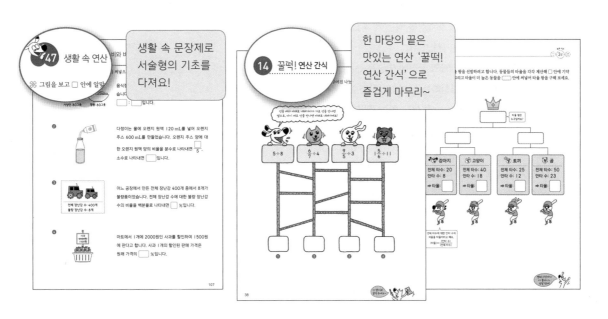

생활 속 문장제로 서술형의 기초를 다져요!

한 마당의 끝은 맛있는 연산 '꿀떡! 연산 간식'으로 즐겁게 마무리~

바쁜 6학년을 위한 빠른 교과서 연산 6-1

첫째 마당 · 분수의 나눗셈 ···················· 9

교과서 1. 분수의 나눗셈

- (자연수)÷(자연수)
- (분수)÷(자연수)
- (대분수)÷(자연수)

지도 길잡이 6학년 1학기 첫 단원에서는 분수의 나눗셈을 배웁니다. 분수의 나눗셈에서 가장 많이 하는 실수는 나눗셈 상태에서 바로 약분하는 경우입니다. 반드시 곱셈으로 바꾼 다음 약분하도록 지도해 주세요.
분수의 곱셈처럼 분수의 나눗셈도 대분수를 가분수로 바꾼 다음 계산해야 합니다.

둘째 마당 · 소수의 나눗셈 ···················· 39

교과서 3. 소수의 나눗셈

- (소수)÷(자연수)
- 몫이 1보다 작은 (소수)÷(자연수)
- 소수점 아래 0을 내려 계산하는 (소수)÷(자연수)
- 몫의 소수 첫째 자리에 0이 있는 (소수)÷(자연수)
- (자연수)÷(자연수)
- 몫을 어림하여 소수점의 위치 찾기

지도 길잡이 소수의 나눗셈은 실수가 많은 단원이므로 몫을 바르게 구했는지 확인하는 습관을 기르는 것이 중요합니다.
몫의 소수점을 바르게 찍었는지, 몫이 1보다 작을 때 일의 자리에 0을 채웠는지, 내림을 연속으로 두 번 할 때 몫에 0을 빠뜨리지는 않았는지 확인하는 습관을 들여 주세요.
나눗셈을 한 후 (나누는 수)×(몫)=(나누어지는 수)로 몫을 바르게 구했는지 확인하는 것도 좋은 습관입니다.

교과서 **4. 비와 비율**

- 두 수의 비로 나타내기
- 비율을 분수와 소수로 나타내기
- 비율을 백분율로 나타내기

지도 길잡이   아이들이 비를 읽는 방법을 어려워하는 경우가 많습니다. 무조건 암기하기보다는 기준이 되는 수를 먼저 찾도록 지도해 주세요. 기준에 ○ 표시를 하고 '~에 대한'으로 읽는 것에 유의해서 연습하는 것이 필요합니다.

교과서 **6. 직육면체의 부피와 겉넓이**

- 직육면체와 정육면체의 부피 구하기
- m^3 알기
- 직육면체와 정육면체의 겉넓이 구하기

지도 길잡이   직육면체의 부피와 겉넓이를 구하는 공식은 외워서 바로 떠오르게 연습해야 시간을 단축할 수 있습니다. 반드시 공식을 외우고 풀도록 지도해 주세요.

☆ 나만의 공부 계획을 세워 보자

나는?

- ☑ 저는 수학 문제집만 보면 졸려요.
- ☑ 예습하는 거예요.
- ☑ 초등 6학년이지만 수학 문제집을 처음 풀어요.

하루 한 장 60일 완성!

1일차	1과
2일차	2과
3~59일차	하루에 한 과 (1장)씩 공부!
60일차	60과, 틀린 문제 복습

나는?

- ☑ 자꾸 연산 실수를 해서 속상해요.
- ☑ 지금 6학년 1학기예요.
- ☑ 초등 6학년으로, 수학 실력이 보통이에요.

하루 두 장 30일 완성!

1일차	1, 2과
2일차	3, 4과
3~29일차	하루에 두 과 (2장)씩 공부!
30일차	59과, 60과, 틀린 문제 복습

나는?

- ☑ 저는 더 빨리 풀고 싶어요.
- ☑ 수학을 잘하지만 실수를 줄이고 싶어요.
- ☑ 복습하는 거예요.

하루 세 장 20일 완성!

1일차	1~3과
2일차	4~6과
3~19일차	하루에 세 과 (3장)씩 공부!
20일차	58~60과, 틀린 문제 복습

▶ **이 책을 지도하는 학부모님께!**

1.하루 딱 10분,
연산 공부 환경을 만들어 주세요.

2.목표 시간은
속도를 재촉하기 위한 것이 아니라 공부 집중력을 위한 장치입니다.

목표 시간 **3분**

아이가 공부할 때 부모님도 스마트폰이나 TV를 꺼 주세요. 한 장에 10분 내외면 충분해요. 이 시간만큼은 부모님도 책을 읽거나 연산 책을 같이 푸는 모습을 보여 주세요! 그러면 아이는 자연스럽게 집중하여 공부하게 됩니다.

책 속에 제시된 목표 시간은 속도 측정용이 아니라 정확하게 풀 수 있는 넉넉한 시간입니다. 그러므로 복습용으로 푼다면 목표 시간보다 빨리 푸는 게 좋습니다.

♥그리고 공부를 마치면 꼭 칭찬해 주세요! ♥

☆ 1÷(자연수)의 몫을 분수로 나타내기

나누어지는 수는 분자로!

$$1 \div 4 = \frac{1}{4}$$

나누는 수는 분모로!

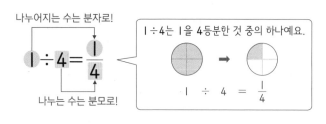

1÷4는 1을 4등분한 것 중의 하나예요.

$$1 \div 4 = \frac{1}{4}$$

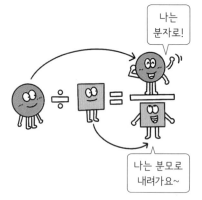

나는 분자로!

나는 분모로 내려가요~

$$\bigcirc \div \square = \frac{\bigcirc}{\square}$$

☆ (자연수)÷(자연수)의 몫을 분수로 나타내기

나누어지는 수는 분자로!

$$3 \div 4 = \frac{3}{4}$$

나누는 수는 분모로!

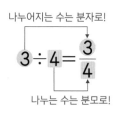

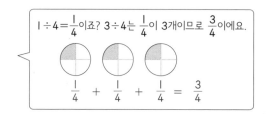

$1 \div 4 = \frac{1}{4}$이죠? 3÷4는 $\frac{1}{4}$이 3개이므로 $\frac{3}{4}$이에요.

$$\frac{1}{4} + \frac{1}{4} + \frac{1}{4} = \frac{3}{4}$$

☆ (분수)÷(자연수)

① 분자가 나누는 자연수의 배수인 경우

분자를 자연수로 나눠요.

$$\frac{4}{5} \div 2 = \frac{4 \div 2}{5} = \frac{2}{5}$$

분모는 그대로!

분수의 곱셈으로 바꾸어 계산하는 방법도 있어요!

$$\frac{4}{5} \div 2 = \frac{4}{5} \times \frac{1}{2} = \frac{2}{5}$$

÷(자연수)를 ×$\frac{1}{(자연수)}$로 바꿔요.

$$\frac{3}{4} \div 2 = \frac{3}{4} \times \frac{1}{2} = \frac{3}{8}$$

② 분자가 나누는 자연수의 배수가 아닌 경우

분자를 자연수로 나눠요.

$$\frac{3}{4} \div 2 = \frac{3 \times 2}{4 \times 2} \div 2 = \frac{6}{8} \div 2 = \frac{6 \div 2}{8} = \frac{3}{8}$$

크기가 같은 분수 중에서 분자가 자연수의 배수인 수로 바꿔요.

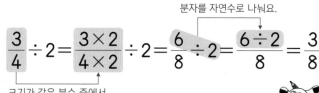

분모와 분자에 각각 2를 곱하면 2의 배수이면서 크기가 같은 분수가 돼요.

목표 시간 **2분**

🎴 나눗셈의 몫을 기약분수로 나타내세요.

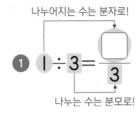

나누어지는 수는 분자로!

① $1 \div 3 = \dfrac{\square}{3}$

나누는 수는 분모로!

답이 자연수로 나오지 않는
나눗셈의 몫은 분수로
나타낼 수 있어요.

② $1 \div 6 = \dfrac{\square}{\square}$

③ $1 \div 8 =$

④ $2 \div 5 =$

⑤ $4 \div 7 =$

⑥ $3 \div 10 =$

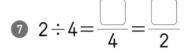

⑦ $2 \div 4 = \dfrac{\square}{4} = \dfrac{\square}{2}$

계산 결과가 약분이 되면
약분하여 나타내어 보세요.

⑧ $3 \div 9 =$

⑨ $4 \div 6 =$

⑩ $5 \div 15 =$

⑪ $6 \div 10 =$

⑫ $7 \div 14 =$

기약분수로 나타내라는 말이 없으면 약분을 하지 않아도 답으로 인정합니다. 하지만 기약분수로 간단히 나타내는 습관을 들이는 게 좋습니다.

목표 시간 2분

✂ 나눗셈의 몫을 기약분수로 나타내세요.

나누는 수를 분모로~ $● ÷ ■ = \dfrac{●}{■}$

① $1 ÷ 5 =$

1을 5로 나눈 것은 1을 5등분한 것 중의 하나니까 $\dfrac{1}{5}$이에요.

② $2 ÷ 7 =$

③ $5 ÷ 6 =$

④ $4 ÷ 8 =$

⑤ $3 ÷ 11 =$

⑥ $6 ÷ 15 =$

⑦ $7 ÷ 9 =$

⑧ $9 ÷ 12 =$

⑨ $10 ÷ 14 =$

⑩ $11 ÷ 13 =$

⑪ $8 ÷ 20 =$

⑫ $12 ÷ 18 =$

목표 시간
2분

❀ 나눗셈의 몫을 대분수로 나타내세요.

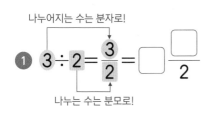

나누어지는 수는 분자로!

❶ $3 \div 2 = \dfrac{3}{2} = \boxed{}\dfrac{\boxed{}}{2}$

나누는 수는 분모로!

계산 결과가 가분수이면
대분수로 바꾸어 나타내요.

❷ $5 \div 3 = \dfrac{\boxed{}}{3} = \boxed{}$

❸ $7 \div 6 =$

❹ $5 \div 2 =$

❺ $9 \div 4 =$

❻ $11 \div 5 =$

❼ $12 \div 7 =$

❽ $13 \div 9 =$

❾ $17 \div 10 =$

❿ $20 \div 11 =$

⓫ $25 \div 12 =$

⓬ $28 \div 13 =$

❆ 나눗셈의 몫을 대분수로 나타내세요.

1 $7 \div 2 = \dfrac{\boxed{}}{2} = \boxed{}$

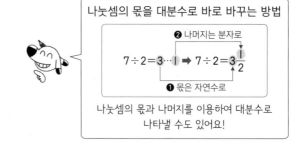

나눗셈의 몫과 나머지를 이용하여 대분수로
나타낼 수도 있어요!

2 $9 \div 7 =$

3 $10 \div 3 =$

4 $12 \div 5 =$

5 $17 \div 4 =$

6 $11 \div 9 =$

7 $13 \div 8 =$

8 $21 \div 4 =$

9 $23 \div 6 =$

10 $29 \div 12 =$

11 $34 \div 11 =$

 **03** 분자가 자연수의 배수인 (분수)÷(자연수)

❀ 계산하세요.

분자가 나누는 자연수의 배수이면 분자를 자연수로 나눠요.

1 $\dfrac{2}{3} \div 2 = \dfrac{2 \div 2}{3} = \dfrac{\square}{3}$

분자가 나누는 자연수의 배수니까
분자를 자연수로 나눠요.
이때 분모는 그대로!

7 $\dfrac{9}{10} \div 3 =$

2 $\dfrac{3}{5} \div 3 = \dfrac{\square \div \square}{5} = \dfrac{\square}{5}$

8 $\dfrac{10}{11} \div 5 =$

3 $\dfrac{5}{6} \div 5 =$

9 $\dfrac{12}{13} \div 4 =$

4 $\dfrac{6}{7} \div 3 =$

10 $\dfrac{14}{15} \div 2 =$

5 $\dfrac{7}{8} \div 7 =$

11 $\dfrac{15}{17} \div 3 =$

6 $\dfrac{4}{9} \div 2 =$

12 $\dfrac{16}{19} \div 2 =$

목표 시간 **2분**

✿ 계산하세요.

분자가 자연수의 배수이면 분자를 자연수로 나눠요~

$$\frac{●}{■} \div ▲ = \frac{● \div ▲}{■}$$

① $\dfrac{3}{4} \div 3 = \dfrac{\boxed{} \div \boxed{}}{4} = \dfrac{\boxed{}}{4}$

② $\dfrac{4}{7} \div 2 = \dfrac{\boxed{4 \div 2}}{7}$

과정을 한 단계 줄여 볼까요?

③ $\dfrac{8}{9} \div 4 =$

④ $\dfrac{8}{11} \div 2 =$

⑤ $\dfrac{12}{13} \div 6 =$

⑥ $\dfrac{9}{14} \div 3 =$

⑦ $\dfrac{8}{15} \div 8 =$

⑧ $\dfrac{15}{16} \div 5 =$

⑨ $\dfrac{16}{17} \div 2 =$

⑩ $\dfrac{14}{19} \div 7 =$

⑪ $\dfrac{20}{21} \div 4 =$

⑫ $\dfrac{22}{23} \div 11 =$

04 분자가 자연수의 배수가 아닌 (분수)÷(자연수)

✂️ 분자가 자연수의 배수인 크기가 같은 분수로 바꾸어 계산하세요.

 기억나죠? 분모와 분자에 각각 0이 아닌 같은 수를 곱하면 크기가 같은 분수가 돼요.

분자를 자연수로 나눠요.

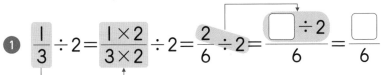

1 $\dfrac{1}{3} \div 2 = \dfrac{1 \times 2}{3 \times 2} \div 2 = \dfrac{2}{6} \div 2 = \dfrac{\boxed{} \div 2}{6} = \dfrac{\boxed{}}{6}$

크기가 같은 분수 중에서
분자가 자연수의 배수인 수로 바꿔요.

2 $\dfrac{2}{5} \div 3 = \dfrac{2 \times 3}{5 \times 3} \div 3 = \dfrac{\boxed{}}{15} \div 3 = \dfrac{\boxed{} \div 3}{15} = \dfrac{\boxed{}}{15}$

3 $\dfrac{5}{6} \div 4 = \dfrac{5 \times \boxed{4}}{6 \times \boxed{}} \div 4 = \dfrac{\boxed{}}{24} \div 4 = \dfrac{\boxed{} \div \boxed{}}{24} = \dfrac{\boxed{}}{24}$

자연수 4를 분자와 분모에 각각 곱하면
4의 배수 중에서 가장 간단한 분수가 돼요.

4 $\dfrac{4}{7} \div 5 =$ _____

5 $\dfrac{3}{8} \div 7 =$ _____

6 $\dfrac{5}{9} \div 8 =$ _____

7 $\dfrac{2}{11} \div 9 =$ _____

나눗셈을 곱셈으로 바꾸어 계산하는 방법을 알고 있더라도 04과에서는 크기가 같은 분수로 바꾸어 푸는 연습을 해 보세요.

목표 시간
☺ 3분 😩

✿ 분자가 자연수의 배수인 크기가 같은 분수로 바꾸어 계산하세요.

크기가 같은 분수로 바꿀 때 가장 간단한 분수로 만들어야 계산이 간단해지겠죠?

① $\dfrac{3}{4} \div 2 = \dfrac{3 \times \boxed{2}}{4 \times \boxed{}} \div 2 = \dfrac{\boxed{}}{8} \div 2 = \dfrac{\boxed{} \div \boxed{}}{8} = \dfrac{\boxed{}}{8}$

2의 배수인 가장 간단한 분수로 바꾸어 보세요.

② $\dfrac{4}{5} \div 3 =$

③ $\dfrac{5}{7} \div 4 =$

④ $\dfrac{7}{8} \div 3 =$

⑤ $\dfrac{4}{9} \div 5 =$

⑥ $\dfrac{3}{10} \div 7 =$

⑦ $\dfrac{5}{11} \div 2 =$

⑧ $\dfrac{8}{13} \div 3 =$

친구들이 자주 틀리는 문제! 앗! 실수

⑨ $\dfrac{1}{6} \div 6 =$

조심! 분모를 자연수로 나누지 않도록 주의해요.

⑩ $\dfrac{3}{10} \div 5 =$

⑪ $\dfrac{11}{12} \div 3 =$

❀ 분자가 자연수의 배수인 크기가 같은 분수로 바꾸어 계산하세요.

크기가 같은 분수 중에서 분자가 자연수의 배수인 수로 바꿔요.

1 $\dfrac{2}{3} \div 5 = \dfrac{10 \div 5}{15} = \dfrac{\square}{15}$

$\dfrac{2}{3} = \dfrac{10}{15}$

과정을 한 단계 줄여 속도를 높여 봐요.

7 $\dfrac{6}{11} \div 5 =$

2 $\dfrac{3}{5} \div 4 = \dfrac{\square \div 4}{20} = \dfrac{\square}{20}$

8 $\dfrac{5}{12} \div 4 =$

3 $\dfrac{5}{7} \div 3 =$

9 $\dfrac{9}{13} \div 5 =$

4 $\dfrac{3}{8} \div 2 =$

10 $\dfrac{3}{14} \div 2 =$

5 $\dfrac{8}{9} \div 3 =$

11 $\dfrac{13}{15} \div 3 =$

6 $\dfrac{7}{10} \div 5 =$

12 $\dfrac{11}{16} \div 2 =$

나눗셈을 곱셈으로 바꾸어 계산하는 방법을 알고 있더라도 05과에서는 크기가 같은 분수로 바꾸어 푸는 연습을 해 보세요.

목표 시간 3분

분자가 자연수의 배수인 크기가 같은 분수로 바꾸어 계산하세요.

❶ $\frac{3}{7} \div 5 = \frac{\square \div 5}{35} = \frac{\square}{35}$

❷ $\frac{5}{8} \div 2 =$

❸ $\frac{7}{9} \div 6 =$

❹ $\frac{9}{10} \div 4 =$

❺ $\frac{4}{11} \div 7 =$

❻ $\frac{5}{12} \div 2 =$

❼ $\frac{7}{13} \div 3 =$

❽ $\frac{9}{14} \div 2 =$

❾ $\frac{11}{15} \div 4 =$

❿ $\frac{5}{16} \div 3 =$

⓫ $\frac{15}{17} \div 2 =$

⓬ $\frac{13}{18} \div 5 =$

06 분수의 나눗셈을 분수의 곱셈으로 풀어 보자

❀ 나눗셈을 곱셈으로 바꾸어 계산하세요.

분자가 자연수의 배수가 아닐 때 분수의 나눗셈을 분수의 곱셈으로 바꾸어 계산하면 더 편리해요!

❶ $\dfrac{1}{2} \div 3 = \dfrac{1}{2} \times \dfrac{1}{3} = \dfrac{1}{\boxed{}}$

÷(자연수)를 ×$\dfrac{1}{(자연수)}$로 바꿔요.

÷3과 ×$\dfrac{1}{3}$은 둘 다 3등분한 것 중의 하나라는 뜻이에요.

❼ $\dfrac{5}{8} \div 6 =$

❷ $\dfrac{2}{3} \div 7 = \dfrac{2}{3} \times \dfrac{1}{\boxed{}} = \dfrac{2}{\boxed{}}$

❽ $\dfrac{2}{9} \div 5 =$

❸ $\dfrac{3}{4} \div 2 =$

❾ $\dfrac{3}{10} \div 2 =$

❹ $\dfrac{4}{5} \div 5 =$

❿ $\dfrac{7}{11} \div 5 =$

❺ $\dfrac{5}{6} \div 3 =$

⓫ $\dfrac{7}{12} \div 4 =$

❻ $\dfrac{4}{7} \div 7 =$

⓬ $\dfrac{8}{13} \div 3 =$

목표 시간 3분

😊 나눗셈을 곱셈으로 바꾸어 계산하세요.

① $\dfrac{4}{5} \div 3 = \dfrac{4}{5} \times \dfrac{1}{\square} = \dfrac{4}{\square}$

÷(자연수) ➡ ×$\dfrac{1}{(자연수)}$

⑦ $\dfrac{2}{11} \div 7 =$

② $\dfrac{1}{6} \div 4 =$

⑧ $\dfrac{7}{12} \div 5 =$

③ $\dfrac{3}{7} \div 2 =$

⑨ $\dfrac{9}{13} \div 4 =$

④ $\dfrac{3}{8} \div 7 =$

⑩ $\dfrac{11}{14} \div 3 =$

⑤ $\dfrac{8}{9} \div 5 =$

⑪ $\dfrac{8}{15} \div 5 =$

⑥ $\dfrac{7}{10} \div 6 =$

⑫ $\dfrac{15}{16} \div 4 =$

07 분수의 곱셈으로 바꾼 다음 약분이 되면 먼저 약분!

목표 시간 3분

※ 나눗셈을 곱셈으로 바꾸어 계산하고, 기약분수로 나타내세요.

❶ $\frac{2}{3} \div 4 = \frac{\overset{1}{\cancel{2}}}{3} \times \frac{1}{\underset{2}{\cancel{4}}} = \frac{1}{\square}$

나눗셈을 곱셈으로 바꾼
다음 약분이 되면 약분해요.

❷ $\frac{3}{4} \div 9 = \frac{3}{4} \times \frac{1}{\square} = \frac{1}{\square}$

곱셈을 하기 전에 약분을 먼저 하면
수가 간단해져서 계산이 훨씬 쉬워요.

❸ $\frac{4}{5} \div 6 =$

❹ $\frac{2}{7} \div 8 =$

❺ $\frac{3}{8} \div 6 =$

❻ $\frac{4}{9} \div 10 =$

❼ $\frac{9}{10} \div 12 =$

❽ $\frac{4}{11} \div 8 =$

❾ $\frac{5}{12} \div 15 =$

❿ $\frac{6}{13} \div 8 =$

⓫ $\frac{9}{14} \div 3 =$

⓬ $\frac{4}{15} \div 12 =$

약분이 되는 (분수)÷(자연수)에서 자주 하는 실수는 나눗셈 상태에서 바로 약분하는 것입니다. 반드시 곱셈으로 바꾼 다음 약분하세요.

목표 시간
3분

✿ 나눗셈을 곱셈으로 바꾸어 계산하고, 기약분수로 나타내세요.

① $\dfrac{3}{4} \div 6 = \dfrac{3}{4} \times \dfrac{1}{\boxed{}} = \dfrac{1}{\boxed{}}$

② $\dfrac{4}{5} \div 8 =$

③ $\dfrac{5}{6} \div 15 =$

④ $\dfrac{2}{7} \div 4 =$

⑤ $\dfrac{5}{8} \div 10 =$

⑥ $\dfrac{2}{9} \div 8 =$

⑦ $\dfrac{3}{10} \div 9 =$

⑧ $\dfrac{4}{11} \div 6 =$

⑨ $\dfrac{10}{13} \div 8 =$

친구들이 자주 틀리는 문제!

앗! 실수

⑩ $\dfrac{7}{12} \div 14 =$

약분은 곱셈에서만 가능해요. 나눗셈 상태에서 약분을 먼저 하지 않도록 주의해요. $\dfrac{7}{\overset{}{\underset{6}{12}}} \div \overset{7}{14}$ (×)

⑪ $\dfrac{8}{15} \div 12 =$

⑫ $\dfrac{15}{16} \div 12 =$

 **08** 분자가 자연수의 배수인 (가분수)÷(자연수)

✖ 계산하세요.

분자가 나누는 자연수의 배수이면 분자를 자연수로 나눠요.

① $\dfrac{4}{3} \div 2 = \dfrac{4 \div \square}{3} = \dfrac{\square}{3}$

분자가 나누는 자연수의 배수니까
분자를 자연수로 나눠요.
이때 분모는 그대로!

⑦ $\dfrac{14}{9} \div 7 =$

② $\dfrac{9}{4} \div 3 = \dfrac{\boxed{9 \div 3}}{4}$

⑧ $\dfrac{21}{10} \div 3 =$

③ $\dfrac{12}{5} \div 4 =$

⑨ $\dfrac{16}{11} \div 4 =$

④ $\dfrac{25}{6} \div 5 =$

⑩ $\dfrac{18}{13} \div 9 =$

⑤ $\dfrac{16}{7} \div 8 =$

⑪ $\dfrac{27}{14} \div 3 =$

⑥ $\dfrac{15}{8} \div 3 =$

⑫ $\dfrac{22}{15} \div 11 =$

목표 시간 3분

계산하세요.

❶ $\frac{15}{2} \div 5 = \frac{15 \div \square}{2} = \frac{\square}{2} = \square$

계산 결과가 가분수이면 대분수로 나타내어 보세요.

❷ $\frac{28}{3} \div 7 =$

❸ $\frac{27}{4} \div 3 =$

❹ $\frac{24}{5} \div 4 =$

❺ $\frac{35}{6} \div 5 =$

❻ $\frac{30}{7} \div 3 =$

❼ $\frac{45}{8} \div 5 =$

❽ $\frac{28}{9} \div 2 =$

❾ $\frac{33}{10} \div 3 =$

❿ $\frac{26}{11} \div 2 =$

⓫ $\frac{56}{13} \div 4 =$

⓬ $\frac{51}{14} \div 3 =$

✂ 나눗셈을 곱셈으로 바꾸어 계산하세요.

(가분수)÷(자연수)도 분수의
나눗셈을 분수의 곱셈으로
바꾸어 계산해 보세요.

1 $\dfrac{3}{2} \div 2 = \dfrac{3}{2} \times \dfrac{1}{2} = \dfrac{3}{\square}$

÷(자연수)를 ×$\dfrac{1}{(자연수)}$로 바꿔요.

÷2와 ×$\dfrac{1}{2}$은 둘 다
2등분한 것 중의
하나라는 뜻이에요.

2 $\dfrac{5}{3} \div 4 = \dfrac{5}{3} \times \dfrac{1}{\square} = \dfrac{5}{\square}$

3 $\dfrac{9}{4} \div 5 =$

4 $\dfrac{8}{5} \div 3 =$

5 $\dfrac{11}{6} \div 2 =$

6 $\dfrac{13}{7} \div 6 =$

7 $\dfrac{23}{8} \div 3 =$

8 $\dfrac{20}{9} \div 7 =$

9 $\dfrac{21}{10} \div 4 =$

10 $\dfrac{27}{11} \div 5 =$

11 $\dfrac{19}{12} \div 8 =$

12 $\dfrac{25}{14} \div 6 =$

나눗셈을 곱셈으로 바꾸어 계산하고, 기약분수로 나타내세요.

1 $\dfrac{4}{3} \div 8 = \dfrac{\overset{1}{\cancel{4}}}{3} \times \dfrac{1}{\underset{2}{\cancel{8}}} = \dfrac{1}{\boxed{}}$

> 곱셈을 하기 전에 약분을 먼저 하면
> 수가 간단해져서 계산이 훨씬 쉬워요.

7 $\dfrac{9}{8} \div 12 =$

2 $\dfrac{5}{3} \div 10 =$

8 $\dfrac{16}{9} \div 6 =$

3 $\dfrac{7}{4} \div 14 =$

> 약분은 곱셈에서만 가능해요.
> 나눗셈 상태에서 약분을
> 하지 않도록 주의해요.

9 $\dfrac{11}{10} \div 33 =$

4 $\dfrac{9}{5} \div 6 =$

10 $\dfrac{14}{11} \div 28 =$

5 $\dfrac{11}{6} \div 22 =$

11 $\dfrac{13}{12} \div 26 =$

6 $\dfrac{8}{7} \div 6 =$

12 $\dfrac{25}{13} \div 10 =$

10 대분수는 반드시 가분수로 바꾼 다음 계산하자

✂ 계산하세요.

대분수를 자연수로 바로 나눌 수는 없어요.
반드시 대분수를 가분수로 바꾼 다음 계산해요.

대분수를 가분수로 바꿔요.

① $2\dfrac{1}{2} \div 3 = \dfrac{5}{2} \times \dfrac{1}{3} = \dfrac{\square}{6}$

÷(자연수)를 $\times \dfrac{1}{(자연수)}$로 바꿔요.

⑦ $1\dfrac{5}{8} \div 4 =$

② $1\dfrac{2}{3} \div 2 = \dfrac{\square}{3} \times \dfrac{1}{\square} = \dfrac{\square}{\square}$

⑧ $2\dfrac{4}{9} \div 7 =$

③ $1\dfrac{3}{4} \div 9 =$

⑨ $1\dfrac{7}{10} \div 2 =$

④ $2\dfrac{1}{5} \div 4 =$

⑩ $2\dfrac{3}{11} \div 8 =$

⑤ $1\dfrac{1}{6} \div 5 =$

⑪ $1\dfrac{7}{12} \div 6 =$

⑥ $2\dfrac{3}{7} \div 6 =$

⑫ $2\dfrac{3}{13} \div 3 =$

대분수를 가분수로 바꾸지 않고
분자를 자연수로 나누면 안 돼요!

대분수는 자연수와 진분수의 합으로 이루어진 분수이므로 대분수 상태에서 바로 나눌 수 없습니다. 반드시 대분수를 가분수로 바꾼 다음 계산하세요.

목표 시간 **3분**

✿ 계산하세요.

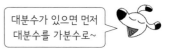

대분수가 있으면 먼저 대분수를 가분수로~

① $2\dfrac{1}{3} \div 4 = \dfrac{\square}{3} \times \dfrac{1}{\square} = \square$

⑦ $3\dfrac{1}{10} \div 4 =$

② $5\dfrac{1}{4} \div 8 =$

⑧ $1\dfrac{7}{11} \div 5 =$

③ $1\dfrac{4}{5} \div 5 =$

⑨ $2\dfrac{1}{12} \div 3 =$

친구들이 자주 틀리는 문제!

앗! 실수

④ $2\dfrac{5}{6} \div 3 =$

⑩ $1\dfrac{7}{9} \div 7 =$

주의! 대분수를 먼저 가분수로 바꾼 다음 계산해야 돼요.

⑤ $3\dfrac{1}{7} \div 5 =$

⑪ $1\dfrac{12}{13} \div 3 =$

⑥ $2\dfrac{1}{8} \div 6 =$

⑫ $1\dfrac{4}{15} \div 2 =$

 **11** 약분이 되는 (대분수)÷(자연수)

❀ 계산하여 기약분수로 나타내세요.

> 대분수를 가분수로 바꾸고,
> 나눗셈을 곱셈으로 바꾼 다음
> 약분이 되면 약분해요.

1 $4\frac{1}{2} \div 6 = \frac{\overset{3}{\cancel{9}}}{2} \times \frac{1}{\underset{2}{\cancel{6}}} = \frac{\square}{4}$

> 곱셈을 하기 전에 약분을 먼저 하면
> 수가 간단해져서 계산이 훨씬 쉬워요.

2 $2\frac{2}{3} \div 4 = \frac{\square}{3} \times \frac{1}{\square} = \frac{\square}{3}$

3 $2\frac{1}{4} \div 3 =$

4 $4\frac{1}{6} \div 5 =$

5 $2\frac{4}{7} \div 9 =$

6 $3\frac{3}{5} \div 8 =$

7 $1\frac{7}{8} \div 3 =$

8 $3\frac{1}{9} \div 7 =$

9 $1\frac{9}{11} \div 4 =$

10 $2\frac{1}{12} \div 5 =$

11 $1\frac{5}{13} \div 6 =$

12 $2\frac{1}{10} \div 9 =$

(대분수)÷(자연수)에서 가장 많이 하는 실수는 대분수를 가분수로 바꾸지 않고 약분하는 것입니다. 반드시 가분수로 바꾸고, 나눗셈을 곱셈으로 바꾼 다음 약분하세요.

목표 시간 **3분**

✿ 계산하여 기약분수로 나타내세요.

① $7\frac{1}{2} \div 5 = \frac{\boxed{}}{2} \times \frac{1}{\boxed{}} = \frac{\boxed{}}{2} = \boxed{}$

계산 결과가 가분수이면 대분수로 나타내어 보세요.

⑦ $3\frac{9}{10} \div 3 =$

② $6\frac{2}{3} \div 4 =$

⑧ $5\frac{9}{11} \div 4 =$

친구들이 자주 틀리는 문제! 앗! 실수

③ $3\frac{1}{5} \div 2 =$

⑨ $5\frac{5}{9} \div 5 =$

④ $8\frac{1}{6} \div 7 =$

⑩ $3\frac{1}{13} \div 2 =$

⑤ $2\frac{6}{7} \div 2 =$

⑪ $4\frac{4}{15} \div 4 =$

주의! 대분수를 가분수로 바꾸지 않고 계산하면 잘못된 계산 결과가 나와요!

$4\frac{4}{15} \div 4 = 4\frac{\cancel{4}}{15} \times \frac{1}{\cancel{4}} = 4\frac{\cancel{1}}{\cancel{15}}$

⑥ $5\frac{5}{8} \div 5 =$

12 실수하기 쉬운 (대분수)÷(자연수) 연습 한 번 더!

목표 시간 3분

계산하여 기약분수로 나타내세요.

❶ $2\frac{1}{2} \div 8 =$

❼ $4\frac{1}{2} \div 3 =$

❷ $4\frac{2}{3} \div 9 =$

❽ $5\frac{1}{3} \div 4 =$

❸ $2\frac{3}{4} \div 5 =$

❾ $6\frac{1}{4} \div 5 =$

❹ $3\frac{2}{5} \div 3 =$

계산 결과가 가분수이면
대분수로 바꾸어 나타내요.

❿ $3\frac{3}{5} \div 2 =$

⓫ $1\frac{1}{6} \div 7 =$

⓫ $5\frac{5}{6} \div 5 =$

❻ $3\frac{3}{7} \div 8 =$

⓬ $4\frac{6}{7} \div 2 =$

목표 시간 3분

😊 계산하여 기약분수로 나타내세요.

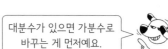
대분수가 있으면 가분수로 바꾸는 게 먼저예요.

① $1\dfrac{7}{9} \div 8 =$

② $1\dfrac{3}{10} \div 13 =$

③ $3\dfrac{2}{11} \div 7 =$

④ $2\dfrac{1}{13} \div 9 =$

⑤ $3\dfrac{1}{8} \div 10 =$

⑥ $4\dfrac{1}{12} \div 14 =$

⑦ $2\dfrac{5}{14} \div 11 =$

⑧ $1\dfrac{13}{15} \div 7 =$

⑨ $2\dfrac{3}{16} \div 5 =$

친구들이 자주 틀리는 문제! 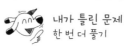 앗! 실수

⑩ $3\dfrac{3}{13} \div 3 =$

⑪ $2\dfrac{6}{11} \div 2 =$

 내가 틀린 문제 한 번 더 풀기

$\boxed{} \div \boxed{} = \boxed{}$

❀ 계산하여 기약분수로 나타내세요.

여기까지 오다니 대단해요!
여러 가지 분수의 나눗셈을 모아
풀면서 완벽하게 마무리해 봐요~

① $7 \div 12 =$

② $8 \div 20 =$

③ $15 \div 7 =$

④ $\dfrac{3}{11} \div 4 =$

⑤ $\dfrac{6}{13} \div 3 =$

⑥ $\dfrac{7}{8} \div 14 =$

⑦ $\dfrac{14}{13} \div 3 =$

⑧ $\dfrac{16}{5} \div 8 =$

⑨ $\dfrac{25}{12} \div 15 =$

⑩ $3\dfrac{3}{8} \div 5 =$

⑪ $8\dfrac{3}{4} \div 14 =$

⑫ $1\dfrac{5}{11} \div 20 =$

빈칸에 알맞은 기약분수를 써넣으세요.

1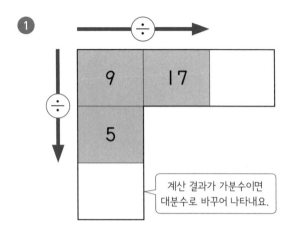

계산 결과가 가분수이면
대분수로 바꾸어 나타내요.

4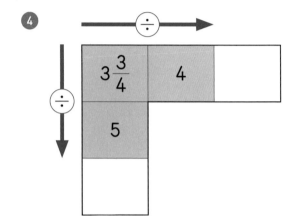

2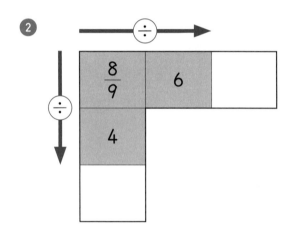

5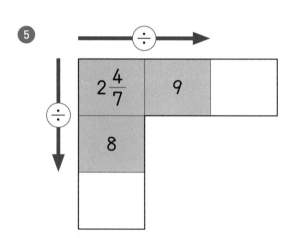

3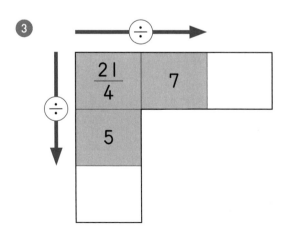

분수의 나눗셈에는 2가지를 꼭 기억해요.
대분수는 바로 나눌 수 없으니 먼저 가분수로!
약분은 나눗셈을 곱셈으로 바꾼 다음 가능해요!

14 생활 속 연산 ― 분수의 나눗셈

✂ 그림을 보고 ☐ 안에 알맞은 기약분수를 써넣으세요.

1

팬케이크 4개를 구웠습니다. 친구 6명이 똑같이 나누어 먹으면 한 명이 ☐ 개씩 먹을 수 있습니다.

2

$\frac{80}{3}$ mL

서영이가 감기에 걸려서 감기약 $\frac{80}{3}$ mL를 4일 동안 똑같이 나누어 먹으려고 합니다.

서영이는 하루에 ☐ mL씩 먹어야 합니다.

계산 결과가 가분수이면 대분수로 바꾸어 나타내요.

3

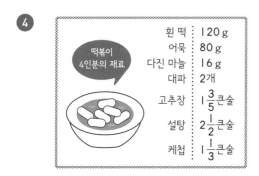

다정이는 색 테이프 $5\frac{4}{7}$ m를 3등분하여 선물 상자 3개를 포장하였습니다. 선물 상자 한 개를 포장하는 데 사용한 색 테이프는 ☐ m입니다.

4

떡볶이 4인분의 재료

흰 떡	120 g
어묵	80 g
다진 마늘	16 g
대파	2개
고추장	$1\frac{3}{5}$큰술
설탕	$2\frac{1}{2}$큰술
케첩	$1\frac{1}{3}$큰술

떡볶이 1인분을 만드는 데 필요한 재료의 양을 구하면 흰 떡은 30 g, 어묵은 20 g, 다진 마늘은 4 g, 대파는 ☐ 개, 고추장은 ☐ 큰술, 설탕은 ☐ 큰술, 케첩은 ☐ 큰술입니다.

동물들이 사다리 타기 게임을 하고 있습니다. 주어진 나눗셈의 몫을 사다리를 타고 내려가서 도착한 곳에 기약분수로 써넣으세요.

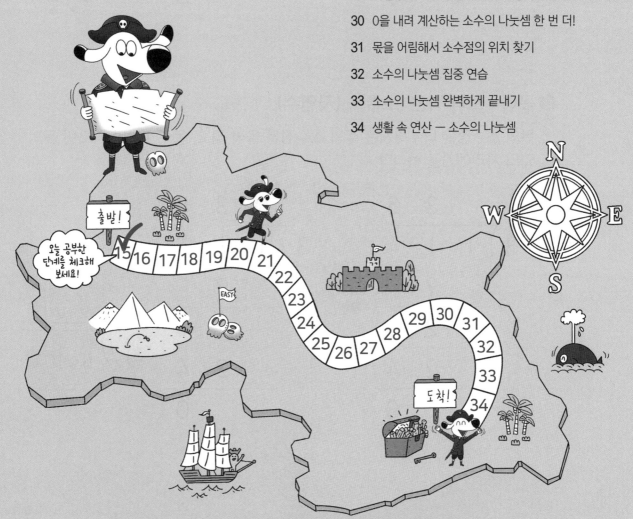

오늘 공부한 단계를 체크해 보세요!

출발!

도착!

바빠 개념 쏙쏙!

✪ 각 자리에서 나누어떨어지지 않는 (소수)÷(자연수)

자연수의 나눗셈처럼 계산하고 몫의 소수점은 나누어지는 수의 소수점을 올려 찍습니다.

			4	8
4	)	1	9	2
		1	6	
			3	2
			3	2
				0

➡

			4 .	8
4	)	1	9 .	2
		1	6	
			3	2
			3	2
				0

> 나누어지는 수의 소수점 위치에 맞추어 몫의 소수점 콕!

> 자연수의 나눗셈처럼 계산하고 몫의 소수점을 찍으면 돼요.

✪ 몫이 1보다 작은 (소수)÷(자연수)

몫의 소수점은 나누어지는 수의 소수점을 올려 찍고, 몫이 1보다 작으면 몫의 일의 자리에 0을 씁니다.

			3	8
3	)	1	1	4
			9	
			2	4
			2	4
				0

➡

		0 .	3	8
3	)	1 .	1	4
			9	
			2	4
			2	4
				0

> 몫의 자연수 부분이 비어 있으면 일의 자리에 0을 써요!

$$3 \overline{)1.14} = 0.38$$

❀ 자연수의 나눗셈을 이용하여 소수의 나눗셈을 하세요.

❶
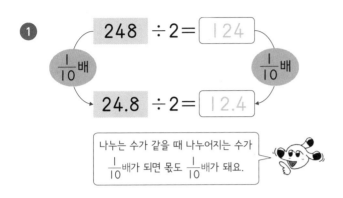

$248 \div 2 = 124$

$\frac{1}{10}$배 $\frac{1}{10}$배

$24.8 \div 2 = 12.4$

나누는 수가 같을 때 나누어지는 수가 $\frac{1}{10}$배가 되면 몫도 $\frac{1}{10}$배가 돼요.

❺
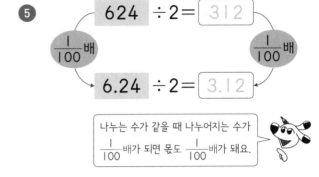

$624 \div 2 = 312$

$\frac{1}{100}$배 $\frac{1}{100}$배

$6.24 \div 2 = 3.12$

나누는 수가 같을 때 나누어지는 수가 $\frac{1}{100}$배가 되면 몫도 $\frac{1}{100}$배가 돼요.

❷
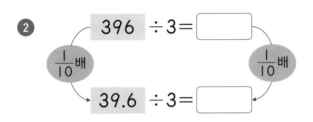

$396 \div 3 = \boxed{}$

$\frac{1}{10}$배 $\frac{1}{10}$배

$39.6 \div 3 = \boxed{}$

❻
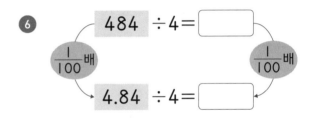

$484 \div 4 = \boxed{}$

$\frac{1}{100}$배 $\frac{1}{100}$배

$4.84 \div 4 = \boxed{}$

❸
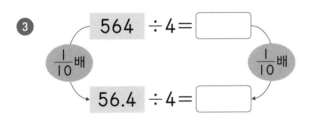

$564 \div 4 = \boxed{}$

$\frac{1}{10}$배 $\frac{1}{10}$배

$56.4 \div 4 = \boxed{}$

❼
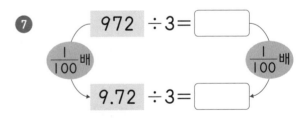

$972 \div 3 = \boxed{}$

$\frac{1}{100}$배 $\frac{1}{100}$배

$9.72 \div 3 = \boxed{}$

❹
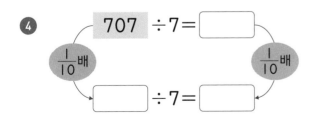

$707 \div 7 = \boxed{}$

$\frac{1}{10}$배 $\frac{1}{10}$배

$\boxed{} \div 7 = \boxed{}$

❽
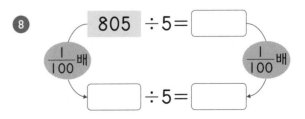

$805 \div 5 = \boxed{}$

$\frac{1}{100}$배 $\frac{1}{100}$배

$\boxed{} \div 5 = \boxed{}$

목표 시간 4분

🎴 자연수의 나눗셈을 이용하여 소수의 나눗셈을 하세요.

$\frac{1}{10}$배가 되면 소수점이 왼쪽으로 1칸!

$\frac{1}{100}$배가 되면 소수점이 왼쪽으로 2칸!

1

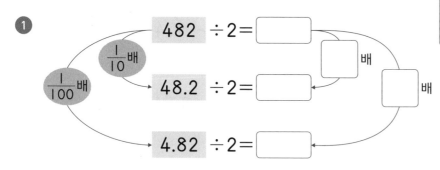

$482 \div 2 = \boxed{}$

$48.2 \div 2 = \boxed{}$

$4.82 \div 2 = \boxed{}$

2

$471 \div 3 = \boxed{}$

$47.1 \div 3 = \boxed{}$

$4.71 \div 3 = \boxed{}$

몫에 0을 빠뜨리지 않도록 주의해요.

● 친구들이 자주 틀리는 문제! 앗! 실수

3

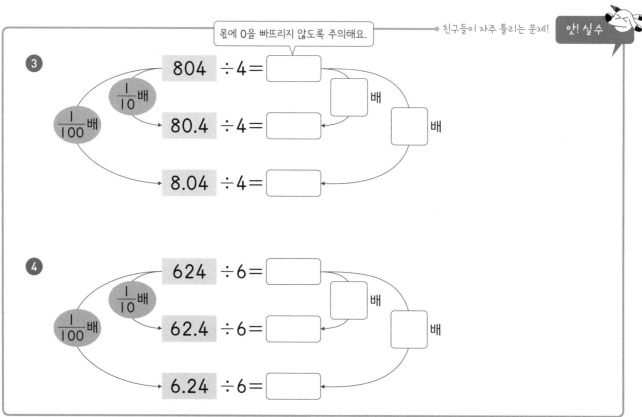

$804 \div 4 = \boxed{}$

$80.4 \div 4 = \boxed{}$

$8.04 \div 4 = \boxed{}$

4

$624 \div 6 = \boxed{}$

$62.4 \div 6 = \boxed{}$

$6.24 \div 6 = \boxed{}$

16 자연수의 나눗셈을 이용하여 소수의 나눗셈 한 번 더!

❀ 자연수의 나눗셈을 이용하여 소수의 나눗셈을 하세요.

①

$286 \div 2 = \boxed{143}$

$28.6 \div 2 = \boxed{14.3}$

$2.86 \div 2 = \boxed{1.43}$

$\frac{1}{10}$ 배 $\frac{1}{100}$ 배

⑤

$395 \div 5 = \boxed{}$

$39.5 \div 5 = \boxed{}$

$3.95 \div 5 = \boxed{}$

> $0.\boxed{}\boxed{}$ 소수점을 왼쪽으로 옮길 때
> 일의 자리가 비면 0을 써 줘요.

②

$693 \div 3 = \boxed{}$

$69.3 \div 3 = \boxed{}$

$6.93 \div 3 = \boxed{}$

⑥

$756 \div 7 = \boxed{}$

$75.6 \div 7 = \boxed{}$

$7.56 \div 7 = \boxed{}$

③

$848 \div 4 = \boxed{}$

$84.8 \div 4 = \boxed{}$

$8.48 \div 4 = \boxed{}$

⑦

$978 \div 6 = \boxed{}$

$97.8 \div 6 = \boxed{}$

$9.78 \div 6 = \boxed{}$

④

$909 \div 9 = \boxed{}$

$90.9 \div 9 = \boxed{}$

$9.09 \div 9 = \boxed{}$

⑧

$856 \div 4 = \boxed{}$

$85.6 \div 4 = \boxed{}$

$8.56 \div 4 = \boxed{}$

목표 시간 **3분**

❋ 자연수의 나눗셈을 이용하여 소수의 나눗셈을 하세요.

> 나누어지는 수의 소수점의 위치가 왼쪽으로 몇 칸 옮겨지는지 살펴봐요.

❶ $135 \div 3 = 45$

➡ $13.5 \div 3 = \boxed{4.5}$

> □.□
> 13.5처럼 소수점을 왼쪽으로 1칸 옮겨요.

❷ $417 \div 3 = 139$

➡ $4.17 \div 3 = \boxed{}$

> □.□□

❸ $676 \div 4 = 169$

➡ $67.6 \div 4 = \boxed{}$

❹ $592 \div 8 = 74$

➡ $59.2 \div 8 = \boxed{}$

❺ $783 \div 9 = 87$

➡ $7.83 \div 9 = \boxed{}$

❻ $836 \div 11 = 76$

➡ $83.6 \div 11 = \boxed{}$

❼ $476 \div 7 = 68$

➡ $4.76 \div 7 = \boxed{}$

❽ $816 \div 6 = 136$

➡ $81.6 \div 6 = \boxed{}$

> 친구들이 자주 틀리는 문제! **앗! 실수**

❾ $560 \div 4 = 140$

➡ $5.6 \div 4 = \boxed{}$

> 주의! 소수의 오른쪽 끝자리에 0이 생략된 것을 생각하며 소수점의 위치를 살펴봐요.

❿ $990 \div 6 = 165$

➡ $9.9 \div 6 = \boxed{}$

17 소수의 나눗셈은 분수의 나눗셈으로도 풀 수 있어

✂ 분수의 나눗셈으로 바꾸어 계산하세요.

소수를 분모가 10, 100인 분수로 바꾸어
나눈 다음 다시 소수로 나타내세요.

소수 한 자리 수는 분모가 10인 분수로 바꿔요.

① $29.4 \div 6 = \dfrac{294}{10} \div 6 = \dfrac{\boxed{} \div 6}{10} = \dfrac{\boxed{}}{10} = \boxed{}$

② $32.4 \div 2 = \dfrac{\boxed{}}{10} \div 2 = \dfrac{\boxed{} \div 2}{10} = \dfrac{\boxed{}}{10} = \boxed{}$

소수 두 자리 수는 분모가 100인 분수로 바꿔요.

③ $7.48 \div 4 = \dfrac{748}{100} \div 4 = \dfrac{\boxed{} \div 4}{100} = \dfrac{\boxed{}}{100} = \boxed{}$

④ $5.81 \div 7 = \dfrac{\boxed{}}{100} \div 7 = \dfrac{\boxed{} \div 7}{100} = \dfrac{\boxed{}}{100} = \boxed{}$

86÷5는 나누어떨어지지 않아요.

⑤ $8.6 \div 5 = \dfrac{86}{10} \div 5 = \dfrac{860}{100} \div 5 = \dfrac{\boxed{} \div 5}{100} = \dfrac{\boxed{}}{100} = \boxed{}$

분모가 10인 분수의 분자가
자연수로 나누어떨어지지 않으면
분모를 100인 분수로 다시 바꿔요.

10의 10배가 100이니까
분모가 100인 분수로 바꾸려면
분자에 10을 곱해 주면 되겠죠?

$\dfrac{86}{10} \overset{\times 10}{\underset{\times 10}{=}} \dfrac{860}{100}$

⑥ $19.8 \div 4 = \dfrac{198}{10} \div 4 = \dfrac{\boxed{}}{100} \div 4 = \dfrac{\boxed{} \div 4}{100} = \dfrac{\boxed{}}{100} = \boxed{}$

[소수의 나눗셈을 하는 방법 중 하나는 소수를 분수로 바꾸어 분수의 나눗셈으로 계산하는 방법입니다. 이때 계산 결과는 다시 소수로 나타내어야 합니다.]

목표 시간 4분

분수의 나눗셈으로 바꾸어 계산하세요.

소수를 분수로 바꾸어 계산해 봐요.
소수 한 자리 수 ➡ 분모가 10인 분수로!
소수 두 자리 수 ➡ 분모가 100인 분수로!

❶ $38.7 \div 3 = \frac{\square}{10} \div 3 = \frac{\square \div 3}{10} = \frac{\square}{10} = \square$

❷ $4.56 \div 6 = \frac{\square}{100} \div 6 = \frac{\square \div 6}{100} = \frac{\square}{100} = \square$

❸ $30.4 \div 5 = \frac{304}{10} \div 5 = \frac{\square}{100} \div 5 = \frac{\square \div 5}{100} = \frac{\square}{100} = \square$

분모가 10인 분수로 바꿨는데
304÷5가 나누어떨어지지 않죠?
분모가 100인 분수로 다시 바꿔 봐요.

❹ $5.84 \div 8 =$

❺ $13.02 \div 7 =$

❻ $24.54 \div 6 =$

❼ $45.2 \div 5 =$

18 몫이 소수 한 자리 수인 (소수)÷(자연수)

목표 시간 3분

❋ 계산하세요.

> 자연수의 나눗셈처럼 계산하고
> 마지막엔 몫의 소수점을 콕~ 찍어 보세요.

①
```
      3.8
  7)2 6.6
    2 1
      5 6
      5 6
        0
```
> 몫의 소수점은
> 나누어지는
> 수의 소수점을
> 올려 찍어요.

④
```
  4)5 0.8
```

⑦
```
  2)7 3.6
```

②
```
  2)3 5.8
```

⑤
```
  3)7 3.8
```

⑧
```
  5)6 3.5
```

③
```
  3)4 4.1
```

⑥
```
  4)9 1.6
```

⑨
```
  6)8 1.6
```

47

목표 시간 3분

❀ 계산하세요.

나누어지는 수의 소수점 위치에 맞추어 몫의 소수점 콕!

1 8) 1 3 . 6

4 5) 7 1 . 5

7 2) 9 5 . 2

2 3) 5 6 . 7

5 6) 7 7 . 4

8 3) 8 9 . 4

3 4) 6 6 . 8

6 7) 9 2 . 4

9 4) 9 4 . 8

19 자연수의 나눗셈처럼 계산한 다음 몫의 소수점 콕!

목표 시간 3분

계산하세요.

몫을 정확한 자리에 쓰는 습관을 들여야 몫의 소수점을 찍을 때 실수를 줄일 수 있어요.

❶ $9\overline{)10.8}$

❹ $2\overline{)77.4}$

❼ $6\overline{)98.4}$

몫의 소수점을 잊지 말고 콕 찍어요~

❷ $2\overline{)39.2}$

❺ $4\overline{)63.6}$

❽ $7\overline{)58.1}$

❸ $3\overline{)50.4}$

❻ $5\overline{)67.5}$

❾ $8\overline{)93.6}$

계산하세요.

자연수의 나눗셈처럼 계산한 다음 나누어지는 수의 소수점 위치에 맞추어 몫의 소수점을 콕~ 찍어요!

1 $15.8 \div 2 = 7.9$

나누어지는 수 15.8과
같은 위치에 소수점을 찍어요.

2 $29.4 \div 3 =$

3 $95.2 \div 4 =$

4 $79.2 \div 2 =$

5 $82.2 \div 3 =$

6 $64.5 \div 5 =$

7 $79.2 \div 6 =$

8 $91.5 \div 5 =$

9 $98.4 \div 8 =$

10 $60.2 \div 7 =$

11 $87.3 \div 9 =$

내가 틀린 문제
한 번 더 풀기

$\boxed{} \div \boxed{} = \boxed{}$

목표 시간
☺ 3분 ☻

❀ 계산하세요.

> 자연수의 나눗셈처럼 계산하고
> 몫의 소수점을 찍어 보세요.

①

```
        1.6 8
    2 ) 3.3 6
        2
        1 3
        1 2
          1 6
          1 6
            0
```

> 몫의 소수점은
> 나누어지는
> 수의 소수점을
> 올려 찍어요.

②

```
    3 ) 4.7 7
```

③

```
    4 ) 6.7 2
```

④

```
    5 ) 6.2 5
```

⑤

```
    2 ) 7.5 8
```

⑥

```
    6 ) 8.0 4
```

⑦

```
    3 ) 7.9 2
```

⑧

```
    7 ) 8.6 8
```

⑨

```
    8 ) 9.2 8
```

목표 시간 **3분**

❈ 계산하세요.

나누어지는 수의 소수점 위치에 맞추어 몫의 소수점 콕!

알죠? 몫은 정확한 위치에 써야 해요.

① 2)3.96

④ 5)6.85

⑦ 2)17.52

② 3)5.67

⑤ 6)8.88

⑧ 4)33.56

③ 4)7.76

⑥ 7)8.61

⑨ 9)75.78

21 몫을 정확한 자리에 쓰고 소수점을 찍는 게 중요해

❋ 계산하세요.

①

$$2 \overline{)5.7\ 2}$$

④

$$5 \overline{)7.0\ 5}$$

⑦

$$4 \overline{)5\ 3.1\ 2}$$

앗! 실수 친구들이 자주 틀리는 문제 ●

②

$$3 \overline{)9.8\ 4}$$

⑤

$$6 \overline{)8.3\ 4}$$

⑧

6을 8로
나눌 수 없으니까
몫은 일의 자리
위에서 시작!

$$8 \overline{)6\ 3.6\ 8}$$

③

$$4 \overline{)7.5\ 6}$$

⑥

$$7 \overline{)9.6\ 6}$$

⑨

$$9 \overline{)7\ 8.7\ 5}$$

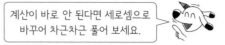

계산이 바로 안 된다면 세로셈으로
바꾸어 차근차근 풀어 보세요.

❀ 계산하세요.

① $5.28 \div 3 = 1.76$

나누어지는 수 5.28과
같은 위치에 소수점을 찍어요.

② $7.72 \div 2 =$

③ $5.56 \div 4 =$

④ $9.94 \div 2 =$

⑤ $7.65 \div 5 =$

⑥ $9.76 \div 8 =$

⑦ $8.85 \div 5 =$

⑧ $9.44 \div 4 =$

⑨ $38.91 \div 3 =$

⑩ $43.75 \div 7 =$

⑪ $73.44 \div 9 =$

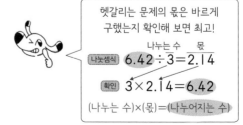

헷갈리는 문제의 몫은 바르게
구했는지 확인해 보면 최고!

나누는 수   몫
나눗셈식 $6.42 \div 3 = 2.14$

확인 $3 \times 2.14 = 6.42$

(나누는 수)×(몫)=(나누어지는 수)

22 몫이 1보다 작은 (소수)÷(자연수)

� 계산하세요.

> 몫에 소수점을 찍은 다음 자연수 부분이 비어 있으면 일의 자리에 0을 써요!

①

```
      0.2 7
  2)0.5 4
      4
      1 4
      1 4
        0
```

⑤

```
  3)1.2 9
```

⑨

```
  6)3.7 8
```

②

```
  3)0.8 7
```

⑥

```
  2)1.9 2
```

⑩

```
  7)4.3 4
```

③

```
  2)1.1 6
```

⑦

```
  4)1.4 4
```

⑪

```
  8)4.7 2
```

④

```
  4)3.3 6
```

⑧

```
  5)2.2 5
```

⑫

```
  9)5.2 2
```

> 몫이 1보다 작은데 몫의 일의 자리에 0을 빠뜨리지 않았는지 확인해 봐요.

[몫이 1보다 작은 소수인 (소수)÷(자연수)에서 몫에
소수점을 잘못 찍거나, 소수점만 찍고 자연수 부분
의 0을 빠뜨리는 실수를 하지 않도록 주의하세요.]

목표 시간

☺ 3분 ☹

❀ 계산하세요.

```
      3.4
  2)0.68
```
잊지 않았죠? 몫의 소수점은
나누어지는 수의 소수점을
올려 찍어요.

① 2)0.68

② 3)1.05

③ 4)1.68

④ 5)1.85

⑤ 4)2.76

⑥ 6)3.18

⑦ 5)3.05

⑧ 7)2.03

⑨ 6)4.68

⑩ 7)5.18

⑪ 8)6.64

⑫ 9)7.83

✂ 계산하세요.

몫의 자연수 부분이 비어 있으면
일의 자리에 0을 써야 해요.

1
$$2 \overline{)\, 0.7\ 6}$$
몫: 0.☐☐

5
$$3 \overline{)\, 2.5\ 8}$$

9
$$7 \overline{)\, 1.2\ 6}$$

2
$$3 \overline{)\, 2.2\ 8}$$

6
$$5 \overline{)\, 1.4\ 5}$$

10
$$6 \overline{)\, 4.3\ 2}$$

3
$$2 \overline{)\, 1.7\ 2}$$

7
$$6 \overline{)\, 2.2\ 2}$$

11
$$8 \overline{)\, 5.0\ 4}$$

4
$$4 \overline{)\, 2.9\ 6}$$

8
$$9 \overline{)\, 1.4\ 4}$$

12
$$7 \overline{)\, 6.4\ 4}$$

목표 시간 4분

❀ 계산하세요.

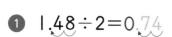

① $1.48 \div 2 = 0.74$

나누어지는 수 1.48과
같은 위치에 소수점을 찍고
일의 자리에 0을 채워 넣어요.

② $1.62 \div 3 =$

③ $3.35 \div 5 =$

④ $5.52 \div 6 =$

⑤ $2.52 \div 7 =$

⑥ $7.52 \div 8 =$

자연수의 나눗셈처럼 계산한 다음
나누어지는 수의 소수점 위치에
맞추어 몫의 소수점을 콕~ 찍어요!

⑦ $3.72 \div 4 =$

⑧ $4.15 \div 5 =$

⑨ $3.54 \div 6 =$

⑩ $5.95 \div 7 =$

⑪ $6.75 \div 9 =$

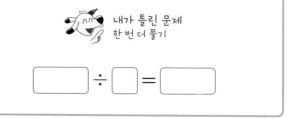

내가 틀린 문제
한 번 더 풀기

□ ÷ □ = □

24 소수점 아래 0을 내려 계산하는 (소수)÷(자연수)

목표 시간 ☺ 3분 ☻

나누어떨어지지 않으면 나누어지는 수의
오른쪽 끝자리에 0이 있다고 생각하고
0을 내려 계산해요.

✿ 계산하세요.

①
```
      0.3 5
   2) 0.7 0
      6
      1 0
      1 0
        0
```

계산이 끝나지 않나요?
0.7을 0.70으로 생각하고
0을 내려 계산해요.

④
```
      1.6 5
   4) 6.6 0
      4
      2 6
      2 4
        2 0
        2 0
          0
```

6.6=6.60으로
생각하고
0을 내려요.

⑦
```
   5) 8.2
```

②
```
   4) 3.4
```

⑤
```
   5) 7.4
```

⑧
```
   6) 8.1
```

③
```
   5) 3.8
```

⑥
```
   6) 7.5
```

⑨
```
   8) 9.2
```

24 교과서 3. 소수의 나눗셈

나머지가 0이 아닌데 계산을 멈추진 않았나요?
나누어지는 수의 오른쪽 끝자리에 0이 계속 있다
고 생각하여 나누어떨어질 때까지 계산해 보세요.

목표 시간 3분

계산하세요.

① $2\overline{)5.7}$ (5.7=5.70)

④ $2\overline{)10.5}$

⑦ $5\overline{)15.8}$

② $5\overline{)8.6}$

⑤ $4\overline{)13.4}$

⑧ $6\overline{)14.7}$

③ $8\overline{)7.6}$

⑥ $2\overline{)11.9}$

⑨ $8\overline{)15.6}$

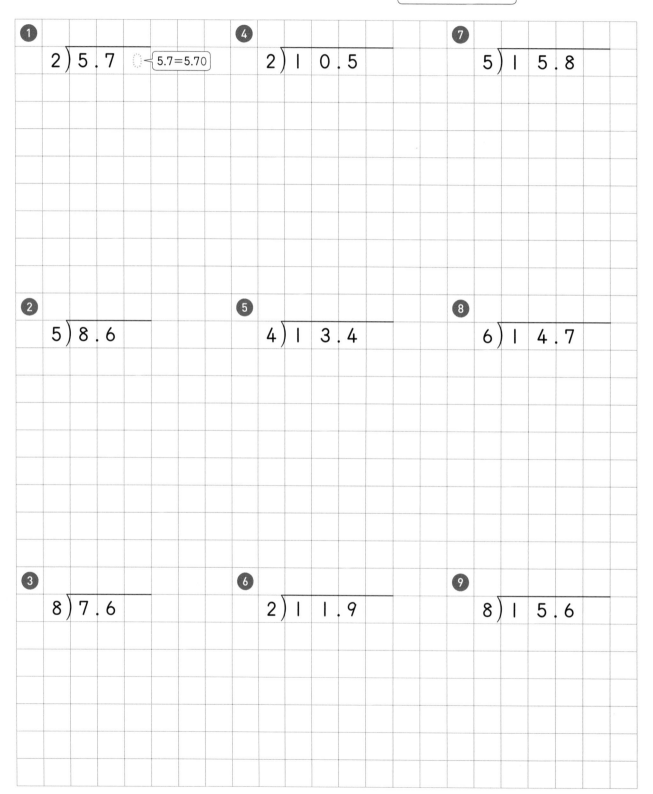

25 나누어떨어지지 않으면 소수점 아래 0을 내려!

🐾 계산하세요.

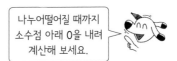
나누어떨어질 때까지
소수점 아래 0을 내려
계산해 보세요.

1
$5\overline{)0.6}$

4
$4\overline{)1\,2.6}$

7
$5\overline{)1\,8.8}$

2
$2\overline{)6.3}$

5
$5\overline{)1\,4.2}$

8
$6\overline{)1\,3.5}$

3
$4\overline{)7.8}$

6
$6\overline{)1\,1.1}$

9
$8\overline{)2\,2.8}$

암산이 바로 되지 않는다면 세로셈으로 바꾸어 풀어 보세요. 이때 몫은 정확한 위치에 써야 계산 실수를 줄이고 소수점도 바르게 찍을 수 있어요.

목표 시간 **4분**

✤ 계산하세요.

1 $8.7 \div 2 =$

나누어떨어지지 않는 가로셈 꿀팁

❶ 8.7의 오른쪽 위에 0을 써 주면 $870 \div 2 = 435$

$8.7 \div 2 =$ ➡ $8.7 \div 2 = 4.35$

$87 \div 2$로 생각하면 나누어떨어지지 않죠?

❷ 8.70의 소수점과 같은 위치에 소수점을 찍어요!

2 $9.8 \div 4 =$

7 $16.5 \div 2 =$

3 $4.7 \div 5 =$

8 $10.8 \div 8 =$

4 $8.6 \div 4 =$

9 $14.6 \div 5 =$

5 $3.6 \div 8 =$

10 $18.9 \div 6 =$

6 $9.2 \div 5 =$

11 $21.2 \div 8 =$

소수점 아래 0을 내려 계산하는 (소수)÷(자연수)는 몫의 소수점 위치를 실수하기 쉬우니 주의해요!

26 몫의 소수 첫째 자리에 0이 있는 (소수)÷(자연수)

목표 시간 3분

※ 계산하세요.

내림한 수 1이 2보다 작아서 나눌 수 없으니까 몫에 0을 쓰고 8을 내려 계산해요.

① 2)2.18 → 1.09 (2 / 18 / 18 / 0, 2>1)

② 5)5.25

③ 3)6.24

④ 4)8.28

⑤ 3)9.12

⑥ 6)6.54

⑦ 2)8.12

⑧ 7)7.28

⑨ 4)4.20

⑩ 5)5.3

⑪ 8)8.4

8)8.40 → ~~1.5~~ (8 / 40 / 40 / 0)

수를 하나 더 내릴 때 몫의 소수 첫째 자리에 0을 빠뜨리는 실수가 많아요.

확인 8×1.5=12 (×)

나누어지는 수 8.4가 나와야 정답이에요.

목표 시간
3분

계산하세요.

수를 연속으로 두 번 내릴 때에는
반드시 몫에 0을 써야 해요~

① 2)12.16

⑤ 3)24.15

⑨ 8)72.48

② 3)15.18

⑥ 6)30.18

⑩ 9)45.72

● 친구들이 자주 틀리는 문제!   앗! 실수

③ 4)16.36

⑦ 7)49.63

⑪ 5)25.2

④ 5)35.45

⑧ 9)18.63

⑫ 6)36.3

27 수를 연속으로 두 번 내릴 때에는 몫에 0을 꼭 쓰자

목표 시간 3분

😊 계산하세요.

몫을 정확한 자리에 쓰지 않으면 몫의 소수 첫째 자리에 0을 생략하기 쉬워요.

1

$$3 \overline{\smash{)}6.27}$$

5

$$2 \overline{\smash{)}18.1}$$

9

$$7 \overline{\smash{)}63.35}$$

앗! 실수 • 친구들이 자주 틀리는 문제 •

2

$$6 \overline{\smash{)}12.48}$$

6

$$4 \overline{\smash{)}32.24}$$

10

$$8 \overline{\smash{)}0.4}$$

3

$$4 \overline{\smash{)}24.12}$$

7

$$8 \overline{\smash{)}40.56}$$

11

$$5 \overline{\smash{)}45.1}$$

4

$$5 \overline{\smash{)}10.3}$$

8

$$9 \overline{\smash{)}72.36}$$

12

$$9 \overline{\smash{)}54.09}$$

(소수)÷(자연수)에서 실수가 가장 많은 나눗셈입니다.
계산한 다음 몫을 바르게 구했는지
(나누는 수)×(몫)=(나누어지는 수)로 확인해 보세요.

목표 시간

4분

❀ 계산하세요.

실수가 많은 나눗셈이에요.
세로셈으로 바꾸어 차근차근 풀어 보세요.

① 4.06÷2=

문제를 다 푼 다음 답이 맞는지
확인까지 한다면 최고!

⑦ 21.07÷7=

② 9.21÷3=

⑧ 0.2÷5=

③ 10.15÷5=

⑨ 8.4÷8=

④ 20.32÷4=

⑩ 36.2÷4=

⑤ 36.54÷6=

⑪ 42.3÷6=

⑥ 63.54÷9=

내가 틀린 문제
한 번 더 풀기

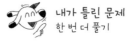

☐☐☐ ÷ ☐ = ☐☐☐

28 자연수의 나눗셈의 몫을 소수로 나타내어 보자

목표 시간 3분

❀ 나눗셈의 몫을 소수로 나타내세요.

나누어지는 자연수 뒤에 소수점을 찍고 오른쪽 끝자리에 0이 계속 있다고 생각하고 계산해요.

①

```
      2 5
  2 ) 5 0
      4
      1 0
      1 0
        0
```

몫의 소수점은 자연수 바로 뒤에서 올려 찍어요.

②

```
      0 7 5
  4 ) 3 0 0
      2 8
        2 0
        2 0
          0
```

나누어떨어질때까지 소수점 아래 0을 계속 내려 계산해요.

③

```
  2 ) 7
```

④

```
  6 ) 9
```

⑤

```
  4 ) 1 8
```

⑥

```
  8 ) 1 2
```

⑦

```
  5 ) 4
```

⑧

```
  1 2 ) 1 8
```

⑨

```
  1 5 ) 2 4
```

⑩

```
  1 6 ) 4 0
```

몫의 자연수 부분에 0을 빠뜨리지 않도록 주의하세요!

⑪

```
  2 0 ) 9
```

⑫

```
  2 5 ) 6
```

목표 시간
3분

✖ 나눗셈의 몫을 소수로 나타내세요.

나누어떨어질 때까지
0을 계속 내려서 계산해 보세요~

①

4) 1 0

10은 10.0과
같아요.

④

8) 1 8

⑦

2 0) 3 5

②

5) 1 4

⑤

1 2) 1 5

⑧

1 6) 4 4

③

4) 7

⑥

2 4) 1 8

⑨

2 5) 2 8

자연수 뒤에 소수점이 있다고 생각하고 몫의 소수점 콕!

✽ 나눗셈의 몫을 소수로 나타내세요.

①

$$5 \overline{)3\ 0}$$ 몫: 0.☐

몫의 자연수 부분이 비어 있으면 일의 자리에 0을 써야 해요.

⑤

$$4 \overline{)3\ 1}$$

⑨

$$8 \overline{)2\ 6}$$

②

$$4 \overline{)1\ 7}$$

⑥

$$5 \overline{)2\ 6}$$

⑩

$$25 \overline{)1\ 3}$$

앗! 실수 친구들이 자주 틀리는 문제

③

$$5 \overline{)1\ 8}$$

⑦

$$12 \overline{)2\ 7}$$

⑪

$$24 \overline{)4\ 2}$$

④

$$8 \overline{)2\ 0}$$

⑧

$$25 \overline{)8}$$

⑫

$$50 \overline{)3\ 8}$$

69

❀ 나눗셈의 몫을 소수로 나타내세요.

나머지가 0이 될 때까지
계산해 보세요.

1 11÷2=

7 33÷12=

2 9÷4=

8 19÷25=

3 23÷5=

9 28÷16=

4 14÷8=

10 37÷25=

5 25÷4=

11 21÷24=

6 36÷15=

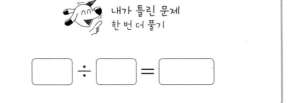

내가 틀린 문제
한 번 더 풀기

□ ÷ □ = □

30 0을 내려 계산하는 소수의 나눗셈 한 번 더!

✖ 계산하세요.

> 나누어떨어지지 않을 때에는
> 소수점 아래 0을 내려 계산해요.

1
$$2\overline{)0.5}$$

4
$$6\overline{)2\ 3.1}$$

7
$$24\overline{)7\ 3.2}$$

2
$$4\overline{)6.6}$$

5
$$12\overline{)7\ 6.2}$$

8
$$25\overline{)6\ 8}$$

3
$$5\overline{)1\ 6.2}$$

6
$$15\overline{)6\ 9}$$

9
$$8\overline{)5\ 6.4}$$

[몫의 소수점을 바르게 찍었는지, 몫이 1보다 작을 때
일의 자리에 0을 채웠는지, 내림을 연속으로 두 번
할 때 몫에 0을 빠뜨리지 않았는지 확인해 보세요.]

목표 시간 4분

✳ 계산하세요.

나눗셈을 한 다음 몫을 바르게 구했는지
꼭 확인하는 습관을 들여 보세요.
(나누는 수)×(몫)=(나누어지는 수)가 나오면 OK!

앗! 실수 친구들이 자주 틀리는 문제

①

$5 \overline{)31.2}$

④

$15 \overline{)58.8}$

⑦

$25 \overline{)21}$

몫의 소수 둘째 자리에서도
나누어떨어지지 않아 0을
세 번이나 내려 계산하는 문제예요.

②

$4 \overline{)33.4}$

⑤

$24 \overline{)78}$

⑧

$8 \overline{)5}$

③

$8 \overline{)59.6}$

⑥

$12 \overline{)84.6}$

⑨

$16 \overline{)18}$

❀ 어림셈하여 몫의 소수점 위치를 찾아 소수점을 찍으세요.

가까운 값, 반올림, 올림, 버림 등의 방법을 이용하여 몫을 어림하는 방법이에요.

① 37.8÷2

37.8의 소수 첫째 자리 수를
반올림하면 38이에요.

어림 38 ÷2 ➡ 약 19

몫 1□8□9

어림한 결과가 약 19니까
18 뒤에 소수점을 찍으면 돼요.

② 65.1÷3

65.1과 가장 가까운 수 중
3으로 나누어떨어지는 수로
어림하여 계산해 보세요.

어림 □ ÷3 ➡ 약 □

몫 2□1□7

③ 59.6÷4

어림 □ ÷4 ➡ 약 □

몫 1□4□9

④ 89.5÷5

어림 □ ÷5 ➡ 약 □

몫 1□7□9

⑤ 83.3÷7

어림 □ ÷7 ➡ 약 □

몫 1□1□9

⑥ 11.88÷6

어림 □ ÷6 ➡ 약 □

몫 1□9□8

⑦ 27.27÷9

어림 □ ÷9 ➡ 약 □

몫 3□0□3

⑧ 39.36÷8

어림 □ ÷8 ➡ 약 □

몫 4□9□2

반올림뿐 아니라 올림, 버림 등의 방법을 이용하여
올바른 소수점의 위치를 찾아내면 모두 정답입니다.

목표 시간
3분

❀ 어림셈하여 몫의 소수점 위치를 찾아 소수점을 찍으세요.

1 $11.36 \div 4$ ◁ 11.36÷4의 몫을 어림해 보세요~

어림 [ ] $\div 4$ ➡ 약 [ ]

몫 2□8□4

5 $23.52 \div 8$

어림 [ ] $\div 8$ ➡ 약 [ ]

몫 2□9□4

2 $14.91 \div 3$

어림 [ ] $\div 3$ ➡ 약 [ ]

몫 4□9□7

6 $53.82 \div 9$

어림 [ ] $\div 9$ ➡ 약 [ ]

몫 5□9□8

3 $30.25 \div 5$

어림 [ ] $\div 5$ ➡ 약 [ ]

몫 6□0□5

7 $156.8 \div 8$

어림 [ ] $\div 8$ ➡ 약 [ ]

몫 1□9□6

4 $17.64 \div 6$

어림 [ ] $\div 6$ ➡ 약 [ ]

몫 2□9□4

8 $807.3 \div 9$

어림 [ ] $\div 9$ ➡ 약 [ ]

몫 8□9□7

32 소수의 나눗셈 집중 연습

다 풀고 나서 나누는 수와 몫을 곱해
답이 맞는지 확인까지 하면 최고!

❈ 계산하세요.

①
$$3\overline{)14.1}$$

④
$$4\overline{)8.56}$$

⑦
$$7\overline{)42.21}$$

②
$$4\overline{)3.44}$$

⑤
$$5\overline{)31.5}$$

⑧
$$25\overline{)17}$$

③
$$2\overline{)2.76}$$

⑥
$$9\overline{)6.03}$$

⑨
$$12\overline{)57}$$

목표 시간 4분

※ 계산하세요.

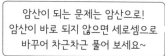

암산이 되는 문제는 암산으로!
암산이 바로 되지 않으면 세로셈으로
바꾸어 차근차근 풀어 보세요~

① 13.2÷4=

② 35.1÷3=

③ 57.6÷2=

④ 18.4÷8=

⑤ 7.65÷5=

⑥ 10.22÷7=

⑦ 1.68÷3=

⑧ 8.6÷4=

⑨ 23.7÷6=

⑩ 42.28÷7=

⑪ 22÷8=

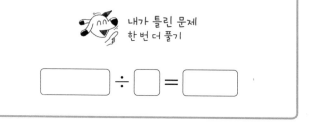

내가 틀린 문제
한 번 더 풀기

☐ ÷ ☐ = ☐

33 소수의 나눗셈 완벽하게 끝내기

목표 시간 3분

여기까지 오다니 대단해요!
이제 소수의 나눗셈을 모아 풀면서
완벽하게 마무리해요!

계산하세요.

❶ $2\overline{)0.96}$

❹ $7\overline{)6.23}$

❼ $16\overline{)48.8}$

❷ $4\overline{)55.2}$

❺ $8\overline{)66.8}$

❽ $12\overline{)54}$

❸ $6\overline{)52.74}$

❻ $9\overline{)27.36}$

❾ $25\overline{)62}$

✂ 빈칸에 알맞은 소수를 써넣으세요.

①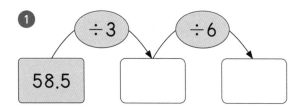

②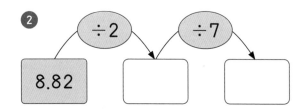

③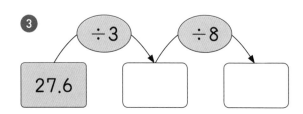

④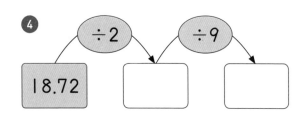

⑤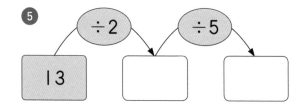

⑥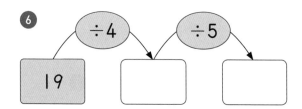

⑦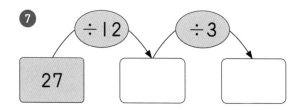

몫의 소수점을 바르게 찍었는지 어림셈으로 확인해 보세요~

34 생활 속 연산 — 소수의 나눗셈

✂ 그림을 보고 ☐ 안에 알맞은 소수를 써넣으세요.

1

11.2 kg

딸기 11.2 kg을 7명에게 똑같이 나누어 주려고 합니다.
한 명이 받을 수 있는 딸기는 ☐ kg입니다.

2

5.6 L

키위 주스 5.6 L를 컵 16잔에 똑같이 나누어 담았습니다.
한 잔에 담은 키위 주스는 ☐ L입니다.

3

연료의 양: 6 L
갈 수 있는 거리: 142.8 km

어느 자동차 회사에서 새로 출시된 자동차는 6 L의
연료로 142.8 km를 갈 수 있습니다.
이 자동차가 1 L의 연료로 갈 수 있는 거리는
☐ km입니다.

4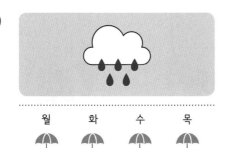

월 화 수 목

어느 도시에 4일 동안 85 mm의 비가 내렸습니다. 매
일 같은 양의 비가 내렸다면 하룻동안 내린 비의 양은
☐ mm입니다.

로켓에 적힌 나눗셈을 나누어떨어질 때까지 계산해 보세요. 몫의 소수 둘째 자리 숫자가 도착할 행성의 번호예요. 로켓이 도착할 행성을 찾아 선으로 이어 보세요.

목성	금성	지구	토성
4	5	2	8

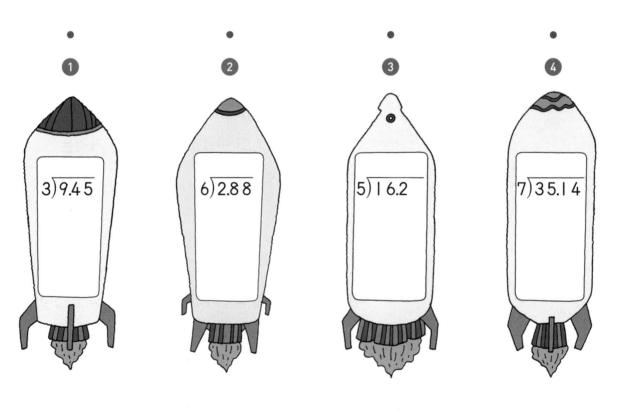

① 3)9.4 5

② 6)2.8 8

③ 5)1 6.2

④ 7)3 5.1 4

수고했어~
여기 꿀떡!

셋째 마당

비와 비율

교과서 4. 비와 비율

💡 바빠 개념 쏙쏙!

✪ 비 알아보기

- 딸기 수와 사과 수의 비 알아보기

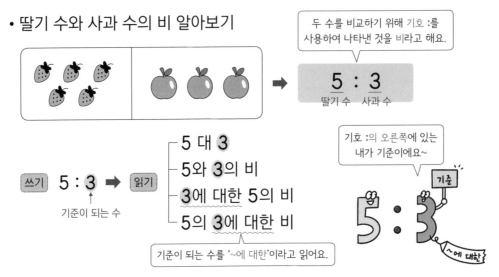

두 수를 비교하기 위해 기호 :를 사용하여 나타낸 것을 비라고 해요.

$$\underset{\text{딸기 수 \quad 사과 수}}{5 : 3}$$

$$\boxed{\text{쓰기}} \quad 5 : \underset{\text{기준이 되는 수}}{3} \Rightarrow \boxed{\text{읽기}} \quad \begin{cases} 5 \text{ 대 } 3 \\ 5\text{와 } 3\text{의 비} \\ 3\text{에 대한 } 5\text{의 비} \\ 5\text{의 } 3\text{에 대한 비} \end{cases}$$

기준이 되는 수를 '~에 대한'이라고 읽어요.

기호 :의 오른쪽에 있는 내가 기준이에요~

✪ 비율 알아보기

- 비율: 기준량에 대한 비교하는 양의 크기

$$\boxed{(\text{비율}) = (\text{비교하는 양}) \div (\text{기준량}) = \frac{(\text{비교하는 양})}{(\text{기준량})}}$$

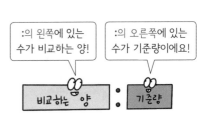

:의 왼쪽에 있는 수가 비교하는 양!

:의 오른쪽에 있는 수가 기준량이에요!

비교하는 양 : 기준량

예 비 2 : 5를 분수와 소수로 나타내기

$$\underset{\text{비교하는 양 \quad 기준량}}{2 : 5} \Rightarrow \boxed{\text{분수}} \frac{2}{5}, \quad \boxed{\text{소수}} \frac{2}{5} = \frac{4}{10} = 0.4$$

✪ 비율을 백분율로 나타내기

- 백분율: 기준량을 100으로 할 때의 비율

$$\boxed{(\text{백분율}) = (\text{비율}) \times 100}$$

백분율은 기호 %를 사용하여 나타내고, 퍼센트라고 읽어요.

예 비율 $\frac{27}{100}$ 을 백분율로 쓰고 읽기

$\boxed{\text{쓰기}}$ 27 % $\boxed{\text{읽기}}$ 27 퍼센트

35 두 수의 비를 여러 가지 방법으로 읽어 보자

❀ 비를 4가지 방법으로 읽어 보세요.

1 1 : ④ ← 기준이 되는 수

> 기호 :의 오른쪽에 있는 수가 기준이에요.

- 1 대 4
- 1과 [4]의 비
- [ ]에 대한 1의 비
- 1의 [ ]에 대한 비

> 기준이 되는 수를 '~에 대한'이라고 읽어요.

2 3 : ②

> 먼저 비에서 기준을 찾아 ○표 해 보세요.

- 3 대 [ ]
- [ ]와(과) [ ]의 비
- [ ]에 대한 3의 비
- 3의 [ ]에 대한 비

3 4 : 7

- [ ] 대 [ ]
- [ ]와(과) [ ]의 비
- [ ]에 대한 [ ]의 비
- [ ]의 [ ]에 대한 비

4 8 : 5

- 8 대 5
- (8과　　　　　　　)
- 5에 대한 8의 비
- (8의　　　　　　　)

5 16 : 9

- 16 대 9
- (16과　　　　　　　)
- (　　　　　　　)
- (　　　　　　　)

6 12 : 15

- (　　　　　　　)
- (　　　　　　　)
- (　　　　　　　)
- (　　　　　　　)

비를 읽는 방법을 어려워하는 경우가 많습니다. 무조건 암기하기보다는 기준을 먼저 찾고 기준을 '~에 대한'이라고 읽는 것에 유의하면서 충분히 연습해 보세요.

목표 시간 3분

✂ □ 안에 알맞은 수를 써넣으세요.

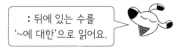 : 뒤에 있는 수를 '~에 대한'으로 읽어요.

① 1 : 3

➡ □ 대 □

② 5 : 1

➡ □ 와(과) □ 의 비

③ 2 : 7

➡ □ 에 대한 □ 의 비

④ 3 : 4

➡ □ 의 □ 에 대한 비

⑤ 4 : 9

➡ □ 대 □

⑥ 7 : 5

➡ □ 와(과) □ 의 비

⑦ 9 : 2

➡ □ 에 대한 □ 의 비

⑧ 8 : 11

➡ □ 에 대한 □ 의 비

⑨ 10 : 3

➡ □ 와(과) □ 의 비

⑩ 11 : 6

➡ □ 에 대한 □ 의 비

⑪ 13 : 10

➡ □ 의 □ 에 대한 비

⑫ 15 : 22

➡ □ 에 대한 □ 의 비

목표 시간 ☺ 3분 ☻

✂ 그림을 보고 □ 안에 알맞은 수를 써넣으세요.

1

비를 나타낼 때 기준이 되는 수는 :의 오른쪽에 써야 해요.

딸기 수와 **사과** 수의 비 ➡ [4] : [3] ←기준이 되는 수

사과 수와 **딸기** 수의 비 ➡ [ ] : [ ]

딸기 수에 대한 사과 수의 비 ➡ [ ] : [ ]

사과 수에 대한 딸기 수의 비 ➡ [ ] : [ ]

'~에 대한'이라는 의미가 기준을 나타내요.

2

수박 수와 (사과 수)의 비 ➡ [ ] : [ ]

사과 수와 수박 수의 비 ➡ [ ] : [ ]

사과 수에 대한 수박 수의 비 ➡ [ ] : [ ]

사과 수의 수박 수에 대한 비 ➡ [ ] : [ ]

어떤 과일이 기준이 되는 수인지 ○표 해 보세요.

친구들이 자주 틀리는 문제!   앗! 실수

3

딸기 수에 대한 귤 수의 비 ➡ [ ] : [ ]

귤 수에 대한 딸기 수의 비 ➡ [ ] : [ ]

딸기 수의 귤 수에 대한 비 ➡ [ ] : [ ]

귤 수의 딸기 수에 대한 비 ➡ [ ] : [ ]

['~에 대한'이라는 의미는 기준을 나타냅니다. 기준이 되는 수에 따라 비가 달라진다는 것에 주의하세요.]

목표 시간 ☺ **3분** ☹

❀ 그림을 보고 ☐ 안에 알맞은 수를 써넣으세요.

1

사과 수와 ⟨수박 수⟩의 비

➡ ☐ : ☐

기준이 되는 수 ↑

빠르고 정확하게 비로 나타내려면 먼저 기준을 찾아요!

5

딸기 수와 귤 수의 비

➡ ☐ : ☐

2

 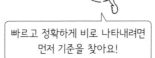

사과 수의 수박 수에 대한 비

➡ ☐ : ☐

6

딸기 수에 대한 귤 수의 비

➡ ☐ : ☐

3

사과 수에 대한 수박 수의 비

➡ ☐ : ☐

7

귤 수에 대한 딸기 수의 비

➡ ☐ : ☐

4

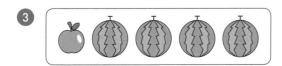

수박 수에 대한 사과 수의 비

➡ ☐ : ☐

8

딸기 수에 대한 귤 수의 비

➡ ☐ : ☐

37 두 수의 비로 나타내기 집중 연습

✂ ☐ 안에 알맞은 수를 써넣으세요.

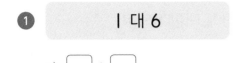

기호 :의 오른쪽에 있는
내가 기준이에요~

기준이
되는 수
~에 대한

1 1 대 6

➡ ☐ : ☐

2 3과 5의 비

➡ ☐ : ☐

3 7에 대한 4의 비

➡ ☐ : ☐

4 5의 1에 대한 비

➡ ☐ : ☐

5 2 대 7

➡ ☐ : ☐

6 4와 9의 비

➡ ☐ : ☐

7 7의 6에 대한 비

➡ ☐ : ☐

8 3에 대한 10의 비

➡ ☐ : ☐

9 9와 14의 비

➡ ☐ : ☐

10 8에 대한 1의 비

➡ ☐ : ☐

11 10의 13에 대한 비

➡ ☐ : ☐

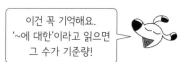

목표 시간
3분

✂ □ 안에 알맞은 수를 써넣으세요.

이건 꼭 기억해요.
'~에 대한'이라고 읽으면
그 수가 기준량!

1 4 대 1

➡ □ : □

2 2의 5에 대한 비

➡ □ : □

3 3과 7의 비

➡ □ : □

4 3에 대한 4의 비

➡ □ : □

5 5 대 8

➡ □ : □

6 6과 7의 비

➡ □ : □

7 3에 대한 8의 비

➡ □ : □

8 9와 4의 비

➡ □ : □

9 7의 10에 대한 비

➡ □ : □

10 25에 대한 11의 비

➡ □ : □

11 20의 13에 대한 비

➡ □ : □

12 16에 대한 21의 비

➡ □ : □

목표 시간 3분

비율을 분수로 나타내세요.
기준량에 대한 비교하는 양의 크기

$$(비율)=(비교하는 양)÷(기준량)$$
$$=\frac{(비교하는 양)}{(기준량)}$$

① $1 : 3$ ➡ $1÷3=\dfrac{1}{3}$

비교하는 양 기준량   비교하는 양 ↑   ↓ 기준량

② 4 대 ⑨

4 대 9 ➡ 4 : 9
기준량

➡ $\dfrac{\square}{\square}$

기준이 되는 수를 찾아 ○표 하고 분모에 바로 써 보세요.

③ ⑥에 대한 5의 비

⑥에 대한 5의 비 ➡ 5 : 6
기준량

➡ $\dfrac{\square}{\square}$

④ 4의 7에 대한 비 ➡ $\dfrac{\square}{\square}$

⑤ 1과 10의 비 ➡ $\dfrac{\square}{\square}$

⑥ 13에 대한 3의 비 ➡ $\dfrac{\square}{\square}$

⑦ 7의 12에 대한 비 ➡ $\dfrac{\square}{\square}$

⑧ 8 대 15 ➡ $\dfrac{\square}{\square}$

⑨ 23에 대한 8의 비 ➡ $\dfrac{\square}{\square}$

⑩ 10과 11의 비 ➡ $\dfrac{\square}{\square}$

⑪ 12의 17에 대한 비 ➡ $\dfrac{\square}{\square}$

⑫ 25에 대한 16의 비 ➡ $\dfrac{\square}{\square}$

기약분수로 나타내라는 말이 없으면 약분을 하지 않아도 답으로 인정합니다. 하지만 약분하여 간단히 나타내는 습관을 들여 보세요.

목표 시간 3분

✂ 비율을 기약분수로 나타내세요.

① 2 대 3

➡ (   )

비에서 기준량을 먼저 찾아 분모에 써 보세요!

② 4의 5에 대한 비

➡ (   )

③ 2 : 9

➡ (   )

④ 8에 대한 7의 비

➡ (   )

⑤ 5와 12의 비

➡ (   )

⑥ 10의 15에 대한 비

➡ (   )

약분이 되면 약분해서 기약분수로 나타내세요.

⑦ 25에 대한 9의 비

➡ (   )

⑧ 11 : 12

➡ (   )

⑨ 13의 6에 대한 비

➡ (   )

⑩ 11과 7의 비

➡ (   )

⑪ 6 대 9

➡ (   )

⑫ 18에 대한 14의 비

➡ (   )

비율을 소수로 나타내려면 먼저 분수로 바꾸자

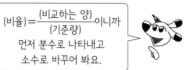

(비율)=$\dfrac{(비교하는 양)}{(기준량)}$이니까
먼저 분수로 나타내고
소수로 바꾸어 봐요.

�֎ 비율을 소수로 나타내세요.

1 1 : 2

➡ $\dfrac{\boxed{}}{2}=\dfrac{\boxed{}}{10}=\boxed{}$

2 4와 5의 비

➡ $\dfrac{\boxed{}}{5}=\dfrac{\boxed{}}{10}=\boxed{}$

3 3 대 8

➡ $\dfrac{\boxed{}}{\boxed{}}=\dfrac{\boxed{}}{1000}=\boxed{}$

4 7의 10에 대한 비

➡ $\dfrac{\boxed{}}{\boxed{}}=\boxed{}$

5 5에 대한 12의 비

➡ $\dfrac{\boxed{}}{\boxed{}}=\dfrac{\boxed{}}{10}=\boxed{}$

6 19와 10의 비

➡ $\dfrac{\boxed{}}{\boxed{}}=\boxed{}$

7 13 대 50

➡ $\dfrac{\boxed{}}{\boxed{}}=\dfrac{\boxed{}}{100}=\boxed{}$

8 17의 20에 대한 비

➡ $\dfrac{\boxed{}}{\boxed{}}=\dfrac{\boxed{}}{100}=\boxed{}$

9 25에 대한 21의 비

➡ $\dfrac{\boxed{}}{\boxed{}}=\dfrac{\boxed{}}{100}=\boxed{}$

분모를 10, 100, 1000으로 바꿀 때 꿀팁
분모가 2, 5이면 ➡ 분모를 10으로!
분모가 4, 20, 25, 50이면 ➡ 분모를 100으로!
분모가 8, 125이면 ➡ 분모를 1000으로!
기억해 두면 분수를 소수로 바꿀 때 편리해요.

목표 시간 **3분**

비율을 소수로 나타내세요.

비율을 분수로 나타낸 다음 소수로 바꾸어 나타내 봐요.

1 | 대 8

➡ (   )

2 3 : 5

➡ (   )

3 9의 10에 대한 비

➡ (   )

4 3과 20의 비

➡ (   )

5 25에 대한 8의 비

➡ (   )

6 50에 대한 11의 비

➡ (   )

7 13과 10의 비

➡ (   )

8 14의 25에 대한 비

➡ (   )

9 33 대 50

➡ (   )

10 6의 12에 대한 비

➡ (   )

11 15에 대한 9의 비

➡ (   )

비율을 소수로 나타낼 때 꿀팁

비율을 분수로 나타냈을 때 분모가 10의 배수로 나타낼 수 없는 경우 약분해 봐요! 기약분수이면 소수로 바꾸기 더 쉬워져요~

6의 12에 대한 비
➡ $\frac{6}{12} = \frac{1}{2}$ ➡ 0.5

40 비율을 분수와 소수로 나타내기 집중 연습

목표 시간 4분

※ 비율을 기약분수와 소수로 나타내세요.

❶ 1 : 4

분수 (　　　　　　)

소수 (　　　　　　)

❷ 2 대 5

분수 (　　　　　　)

소수 (　　　　　　)

❸ 10에 대한 3의 비

분수 (　　　　　　)

소수 (　　　　　　)

❹ 7의 8에 대한 비

분수 (　　　　　　)

소수 (　　　　　　)

❺ 6과 5의 비

분수 (　　　　　　)

소수 (　　　　　　)

❻ 7의 25에 대한 비

분수 (　　　　　　)

소수 (　　　　　　)

❼ 5에 대한 14의 비

분수 (　　　　　　)

소수 (　　　　　　)

❽ 11과 20의 비

분수 (　　　　　　)

소수 (　　　　　　)

❾ 12 대 15

분수 (　　　　　　)

소수 (　　　　　　)

❿ 30에 대한 27의 비

분수 (　　　　　　)

소수 (　　　　　　)

비율을 기약분수와 소수로 나타내세요.

1 1 대 10

분수 (　　　　　　)

소수 (　　　　　　)

6 9와 10의 비

분수 (　　　　　　)

소수 (　　　　　　)

2 3과 4의 비

분수 (　　　　　　)

소수 (　　　　　　)

7 14 대 25

분수 (　　　　　　)

소수 (　　　　　　)

3 7 : 20

분수 (　　　　　　)

소수 (　　　　　　)

8 31의 50에 대한 비

분수 (　　　　　　)

소수 (　　　　　　)

4 6의 25에 대한 비

분수 (　　　　　　)

소수 (　　　　　　)

9 9의 5에 대한 비

분수 (　　　　　　)

소수 (　　　　　　)

5 5에 대한 8의 비

분수 (　　　　　　)

소수 (　　　　　　)

10 45에 대한 18의 비

분수 (　　　　　　)

소수 (　　　　　　)

목표 시간
😊 **3분** 😬

✂️ 비율을 백분율로 나타내세요.

백분율의 기호는
'%'라 쓰고 '퍼센트'라고
읽어요. 9 퍼센트~

1 $\dfrac{9}{100}$ ➡ ⬜ %

백분율은 기준량을 100으로 할 때의
비율이에요. 기호 %를
사용하여 나타내요.

7 $\dfrac{39}{100}$ ➡ ⬜ %

2 $\dfrac{3}{10}$ ➡ $\dfrac{\boxed{}}{100}$ = ⬜ %

기준량이 100인 분수로
바꾸어 보세요.

8 $\dfrac{9}{10}$ ➡ $\dfrac{\boxed{}}{100}$ = ⬜ %

3 $\dfrac{1}{2}$ ➡ $\dfrac{\boxed{}}{100}$ = ⬜ %

9 $\dfrac{3}{4}$ ➡ $\dfrac{\boxed{}}{100}$ = ⬜ %

4 $\dfrac{3}{5}$ ➡ $\dfrac{\boxed{}}{100}$ = ⬜ %

10 $\dfrac{17}{20}$ ➡ $\dfrac{\boxed{}}{100}$ = ⬜ %

5 $\dfrac{1}{4}$ ➡ $\dfrac{\boxed{}}{100}$ = ⬜ %

11 $\dfrac{12}{25}$ ➡ $\dfrac{\boxed{}}{100}$ = ⬜ %

6 $\dfrac{7}{20}$ ➡ $\dfrac{\boxed{}}{100}$ = ⬜ %

12 $\dfrac{23}{50}$ ➡ $\dfrac{\boxed{}}{100}$ = ⬜ %

목표 시간
3분

✂ 비율을 백분율로 나타내세요.
백분율의 백(白)은 100, 분(分)은 '나누다', 율(率)은 비율을 의미해요.

분수에 100을 곱해서 나온 값에
기호 %를 붙여 구할 수도 있어요.

1 $\dfrac{7}{10}$ ➡ $\dfrac{7}{10} \times 100 =$ ☐ (%)

7 $\dfrac{19}{20}$ ➡ $\dfrac{19}{20} \times$ ☐ $=$ ☐ (%)

2 $\dfrac{4}{5}$ ➡ $\dfrac{4}{5} \times 100 =$ ☐ (%)

8 $\dfrac{21}{25}$ ➡ $\dfrac{21}{25} \times$ ☐ $=$ ☐ (%)

3 $\dfrac{11}{20}$ ➡ $\dfrac{11}{20} \times 100 =$ ☐ (%)

9 $\dfrac{39}{50}$ ➡ $\dfrac{39}{50} \times$ ☐ $=$ ☐ (%)

4 $\dfrac{9}{25}$ ➡ $\dfrac{9}{25} \times 100 =$ ☐ (%)

10 $\dfrac{18}{25}$ ➡ $\dfrac{18}{25} \times$ ☐ $=$ ☐ (%)

5 $\dfrac{13}{50}$ ➡ $\dfrac{13}{50} \times 100 =$ ☐ (%)

11 $\dfrac{8}{5}$ ➡ $\dfrac{8}{5} \times$ ☐ $=$ ☐ (%)

6 $\dfrac{3}{2}$ ➡ $\dfrac{3}{2} \times 100 =$ ☐ (%)

12 $\dfrac{7}{4}$ ➡ $\dfrac{7}{4} \times$ ☐ $=$ ☐ (%)

42 소수에 100을 곱하고 %를 붙여 백분율로 나타내자

❀ 비율을 백분율로 나타내세요.

> 소수도 100을 곱한 값에 기호 %를
> 붙여 백분율로 나타낼 수 있어요.

1 0.01 ➡ $0.01 \times 100 =$ ⬜ (%)

7 0.75 ➡ ( )

2 0.3 ➡ $0.3 \times$ ⬜ $=$ ⬜ (%)

8 3.2 ➡ ( )

> 백분율의 기호를 꼭 써 주세요~

3 0.04 ➡ (%)

> 100을 곱하면 소수점이
> 오른쪽으로 2칸 이동해요.   0.04 ➡ 4 %

9 1.03 ➡ ( )

4 0.6 ➡ ( )

> 소수점을 오른쪽으로 2칸
> 옮겨 바로 나타내어 볼까요?

10 2.49 ➡ ( )

5 0.15 ➡ ( )

11 4.61 ➡ ( )

6 0.38 ➡ ( )

12 10.6 ➡ ( )

목표 시간 3분

비율을 백분율로 나타내세요.

1 0.02 ➡ (%   )

백분율의 기호를 꼭 써 주세요~

7 1.36 ➡ (   )

2 0.05 ➡ (   )

8 2.08 ➡ (   )

3 0.09 ➡ (   )

9 3.75 ➡ (   )

4 0.25 ➡ (   )

10 21.3 ➡ (   )

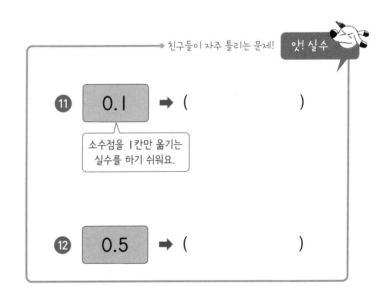

친구들이 자주 틀리는 문제! 앗! 실수

5 0.43 ➡ (   )

11 0.1 ➡ (   )

소수점을 1칸만 옮기는 실수를 하기 쉬워요.

6 0.91 ➡ (   )

12 0.5 ➡ (   )

✂ 그림을 보고 전체에 대한 색칠한 부분의 비율을 백분율로 나타내세요.

1
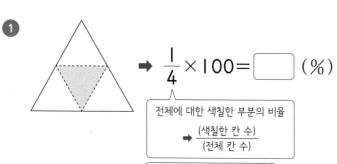

➡ $\frac{1}{4} \times 100 = \boxed{}$ (%)

전체에 대한 색칠한 부분의 비율
➡ $\frac{(색칠한 칸 수)}{(전체 칸 수)}$

색칠한 칸 수를 세어 보세요~

2
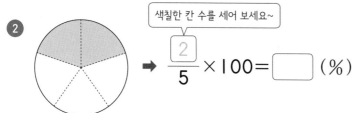

➡ $\frac{2}{5} \times 100 = \boxed{}$ (%)

6
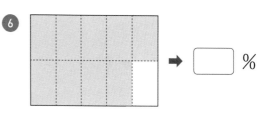

➡ $\boxed{}$ %

7
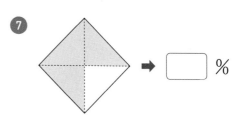

➡ $\boxed{}$ %

3
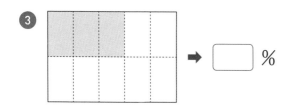

➡ $\boxed{}$ %

8
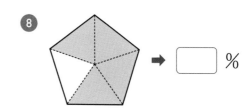

➡ $\boxed{}$ %

4
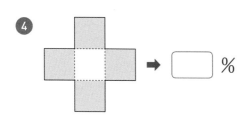

➡ $\boxed{}$ %

9
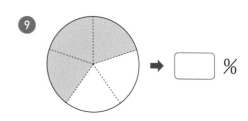

➡ $\boxed{}$ %

5
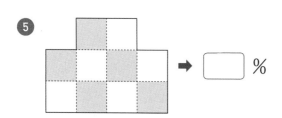

➡ $\boxed{}$ %

10
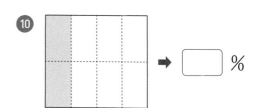

➡ $\boxed{}$ %

✂ 그림을 보고 전체에 대한 색칠한 부분의 비율을 백분율로 나타내세요.

① 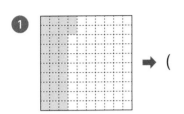 ➡ (%)

백분율의 기호를
꼭 써 주세요~

⑥ 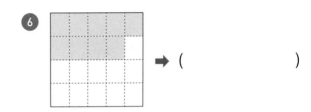 ➡ (   )

②  ➡ (   )

⑦ 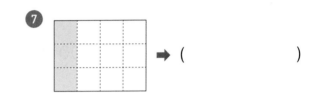 ➡ (   )

③ 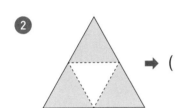 ➡ (   )

⑧ 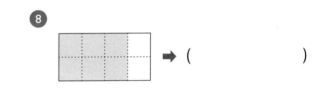 ➡ (   )

④ 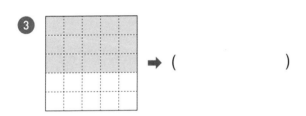 ➡ (   )

⑨ 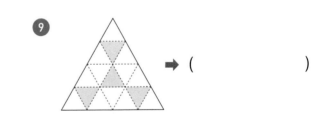 ➡ (   )

⑤ 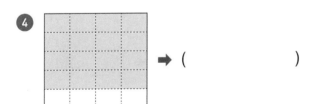 ➡ (   )

⑩ 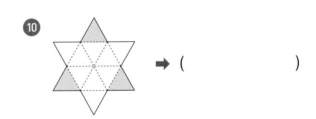 ➡ (   )

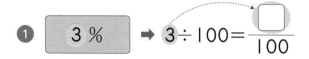 백분율을 분수로 나타내세요.
기준량을 100으로 할 때의 비율

비율에 100을 곱한 값이 백분율이었죠?
반대로 백분율을 비율로 나타내려면
100으로 나누면 돼요.

① 3 % ➡ 3 ÷ 100 = $\dfrac{\square}{100}$

⑦ 21 % ➡ (   )

② 17 % ➡ $\dfrac{\square}{100}$

분모가 100인 분수로
바로 나타내어 볼까요?

⑧ 49 % ➡ (   )

③ 33 % ➡ (   )

⑨ 63 % ➡ (   )

④ 41 % ➡ (   )

⑩ 99 % ➡ (   )

⑤ 57 % ➡ (   )

⑪ 107 % ➡ (   )

⑥ 79 % ➡ (   )

⑫ 237 % ➡ (   )

목표 시간 3분

백분율을 기약분수로 나타내세요.

① 2 % ➡ (   )

② 10 % ➡ (   )

③ 40 % ➡ (   )

④ 70 % ➡ (   )

⑤ 12 % ➡ (   )

⑥ 52 % ➡ (   )

⑦ 15 % ➡ (   )

⑧ 28 % ➡ (   )

⑨ 94 % ➡ (   )

⑩ 116 % ➡ (   )

⑪ 130 % ➡ (   )

⑫ 250 % ➡ (   )

✂ 백분율을 소수로 나타내세요.

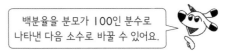

백분율을 분모가 100인 분수로
나타낸 다음 소수로 바꿀 수 있어요.

① 5 % ➡ $\dfrac{\square}{100}$ = □

② 8 % ➡ $\dfrac{\square}{100}$ = □

③ 12 % ➡ (　　　　　)

100으로 나누면 소수점이
왼쪽으로 2칸 이동해요.　12 % ➡ 0.12

④ 34 % ➡ (　　　　　)

소수점을 왼쪽으로 2칸
옮겨 바로 나타내어 볼까요?

⑤ 53 % ➡ (　　　　　)

⑥ 60 % ➡ (　　　　　)

소수점 아래 마지막 0은
생략할 수 있어요.

⑦ 48 % ➡ (　　　　　)

⑧ 75 % ➡ (　　　　　)

⑨ 91 % ➡ (　　　　　)

⑩ 105 % ➡ (　　　　　)

⑪ 147 % ➡ (　　　　　)

⑫ 230 % ➡ (　　　　　)

✂ 백분율을 소수로 나타내세요.

① 4 % ➡ (   )

② 9 % ➡ (   )

③ 13 % ➡ (   )

④ 27 % ➡ (   )

⑤ 50 % ➡ (   )

⑥ 88 % ➡ (   )

⑦ 45 % ➡ (   )

⑧ 71 % ➡ (   )

⑨ 93 % ➡ (   )

⑩ 125 % ➡ (   )

⑪ 160 % ➡ (   )

⑫ 206 % ➡ (   )

목표 시간
3분

여기까지 오다니 정말 대단해요!
비와 비율 마당을 복습하면서
완벽하게 마무리해요!

✿ 빈칸에 알맞은 기약분수와 소수를 써넣으세요.

	비	비율	
		분수	소수
❶	4 : 5	$\frac{4}{5}$	
❷	6 대 8		
❸	3과 10의 비		
❹	20에 대한 13의 비		
❺	16의 20에 대한 비		
❻	9와 15의 비		
❼	17의 25에 대한 비		
❽	50에 대한 15의 비		

비를 비율로 나타낼 때의 핵심은
기준이 되는 수를 먼저 찾는 거예요~

목표 시간 3분

빈칸에 알맞은 기약분수, 소수, 백분율을 써넣으세요.

백분율로 나타낼 때 % 기호를 잊지 마세요~

	분수	소수	백분율
①	$\dfrac{27}{100}$		
②	$\dfrac{9}{10}$		
③		0.06	
④		0.45	
⑤	$\dfrac{13}{50}$		
⑥		1.54	
⑦			31 %
⑧			18 %
⑨			230 %

 **47** 생활 속 연산 — 비와 비율

❀ 그림을 보고 ☐ 안에 알맞은 수를 써넣으세요.

①

자장면: 80그릇   짬뽕: 60그릇

음식점에서 오늘 자장면 80그릇, 짬뽕 60그릇을 팔았습니다. 오늘 판매한 짬뽕 수의 자장면 수에 대한 비는 ☐ : ☐ 입니다.

②

다정이는 물에 오렌지 원액 120 mL를 넣어 오렌지 주스 600 mL를 만들었습니다. 오렌지 주스 양에 대한 오렌지 원액 양의 비율을 분수로 나타내면 $\dfrac{\boxed{}}{5}$, 소수로 나타내면 ☐ 입니다.

③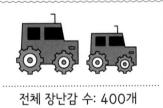

전체 장난감 수: 400개
불량 장난감 수: 8개

어느 공장에서 만든 전체 장난감 400개 중에서 8개가 불량품이었습니다. 전체 장난감 수에 대한 불량 장난감 수의 비율을 백분율로 나타내면 ☐ %입니다.

④

사과
~~2000원~~
1500원

마트에서 1개에 2000원인 사과를 할인하여 1500원에 판다고 합니다. 사과 1개의 할인된 판매 가격은 원래 가격의 ☐ %입니다.

✷ 동물 야구부에서 타율 왕을 선발하려고 합니다. 동물들의 타율을 각각 구해 □ 안에 기약분수로 써넣으세요. 그리고 타율이 더 높은 동물을 ▭ 안에 써넣어 타율 왕을 찾아 보세요.

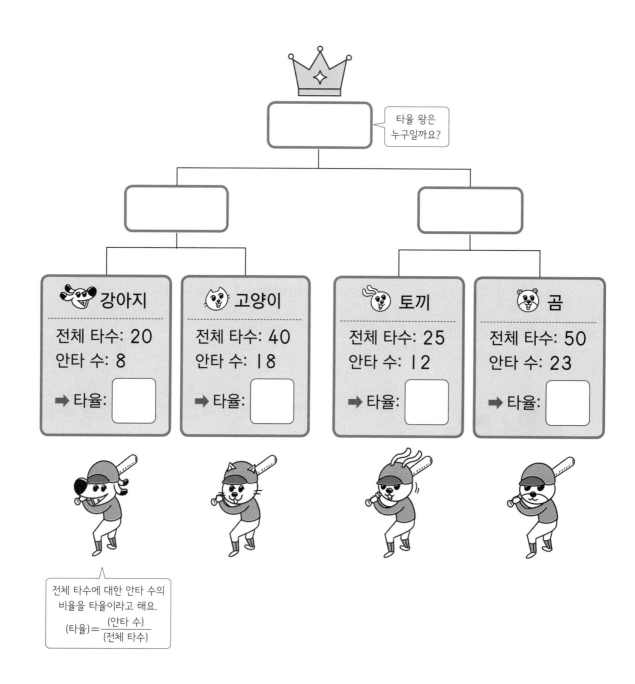

⭐ 부피의 단위

- $1\,cm^3$: 한 모서리의 길이가 $1\,cm$인 정육면체의 부피

  읽기 1 세제곱센티미터

- $1\,m^3$: 한 모서리의 길이가 $1\,m$인 정육면체의 부피

  읽기 1 세제곱미터

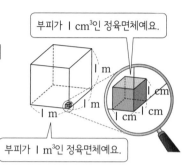

부피가 $1\,cm^3$인 정육면체예요.

부피가 $1\,m^3$인 정육면체예요.

⭐ 직육면체와 정육면체의 부피

공간에서 차지하는 크기

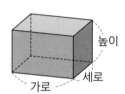

높이
세로
가로

(직육면체의 부피)=(가로)×(세로)×(높이)

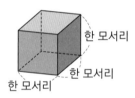

한 모서리
한 모서리
한 모서리

(정육면체의 부피)=(한 모서리의 길이)×(한 모서리의 길이)
×(한 모서리의 길이)

정육면체는 모든
모서리의 길이가 같아요.

⭐ 직육면체와 정육면체의 겉넓이

물체의 겉면의 넓이의 합

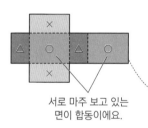

서로 마주 보고 있는
면이 합동이에요.

(직육면체의 겉넓이)
=(여섯 면의 넓이의 합)
=(합동인 세 면의 넓이의 합)×2
=(한 밑면의 넓이)×2+(옆면의 넓이)

이렇게 옆면과 남은
두 개의 면(밑면)의 넓이의
합으로 구할 수 있어요.

옆면의
넓이

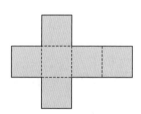

(정육면체의 겉넓이)=(한 면의 넓이)×6

✻ 직육면체의 부피는 몇 cm³인지 구하세요.

직사각형 6개로 둘러싸인 도형이에요.

1

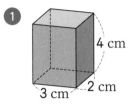

4 cm
3 cm   2 cm

(직육면체의 부피)
=(가로)×(세로)×(높이)

$3 \times 2 \times \boxed{4} = \boxed{}$ (cm³)

가로 세로 높이

부피를 나타내는 단위예요.
'세제곱센티미터'라고 읽어요.

2

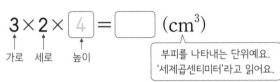

2 cm
5 cm
6 cm

$6 \times \boxed{} \times 2 = \boxed{}$ (cm³)

3

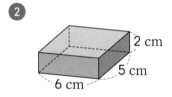

7 cm
3 cm   4 cm

$3 \times \boxed{} \times \boxed{} = \boxed{}$ (cm³)

4

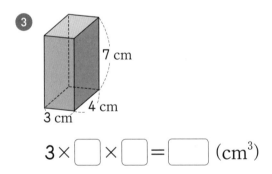

5 cm
7 cm
2 cm

$\boxed{} \times \boxed{} \times \boxed{} = \boxed{}$ (cm³)

5

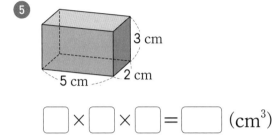

3 cm
5 cm   2 cm

$\boxed{} \times \boxed{} \times \boxed{} = \boxed{}$ (cm³)

6

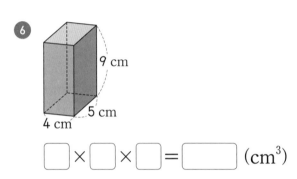

9 cm
5 cm
4 cm

$\boxed{} \times \boxed{} \times \boxed{} = \boxed{}$ (cm³)

7

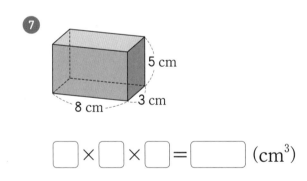

5 cm
8 cm   3 cm

$\boxed{} \times \boxed{} \times \boxed{} = \boxed{}$ (cm³)

8

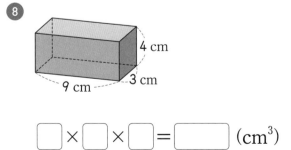

4 cm
9 cm   3 cm

$\boxed{} \times \boxed{} \times \boxed{} = \boxed{}$ (cm³)

정육면체의 부피는 몇 cm³인지 구하세요.

정사각형 6개로 둘러싸인 도형이에요.

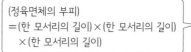

(정육면체의 부피)
=(한 모서리의 길이)×(한 모서리의 길이)
　×(한 모서리의 길이)

1

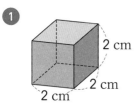

2 cm
2 cm
2 cm

정육면체의 가로, 세로, 높이가
같으니까 부피는 한 모서리의
길이를 3번 곱한 것과 같아요.

$$2 \times 2 \times \boxed{2} = \boxed{} \ (cm^3)$$

↑　↑　↑
한 모서리의 길이

5

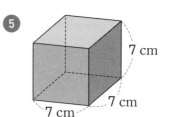

7 cm
7 cm
7 cm

$$\boxed{} \times \boxed{} \times \boxed{} = \boxed{} \ (cm^3)$$

2

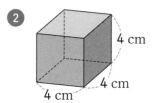

4 cm
4 cm
4 cm

$$4 \times \boxed{} \times \boxed{} = \boxed{} \ (cm^3)$$

6

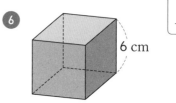

6 cm

정육면체는 한 모서리의
길이만 알면
부피를 구할 수 있어요.

$$\boxed{} \times \boxed{} \times \boxed{} = \boxed{} \ (cm^3)$$

3

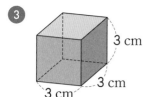

3 cm
3 cm
3 cm

$$\boxed{} \times \boxed{} \times \boxed{} = \boxed{} \ (cm^3)$$

7

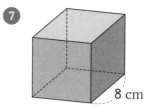

8 cm

$$\boxed{} \times \boxed{} \times \boxed{} = \boxed{} \ (cm^3)$$

4

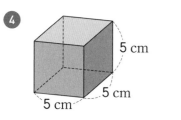

5 cm
5 cm
5 cm

$$\boxed{} \times \boxed{} \times \boxed{} = \boxed{} \ (cm^3)$$

8

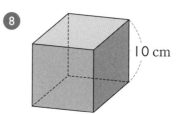

10 cm

$$\boxed{} \times \boxed{} \times \boxed{}$$

$$= \boxed{} \ (cm^3)$$

✿ 직육면체와 정육면체의 부피는 몇 cm³인지 구하세요.

직육면체의 부피는 가로, 세로, 높이의 곱!
줄임말로 '가세높'으로 외워 봐요~

①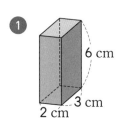

6 cm
3 cm
2 cm

(cm³)

부피의 단위를 꼭 써 주세요~

⑤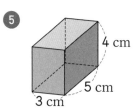

4 cm
5 cm
3 cm

(   )

②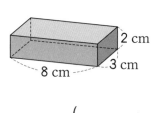

2 cm
8 cm
3 cm

(   )

⑥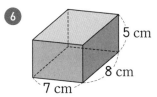

5 cm
8 cm
7 cm

(   )

③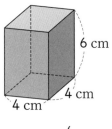

6 cm
4 cm
4 cm

(   )

⑦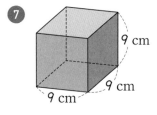

9 cm
9 cm
9 cm

(   )

④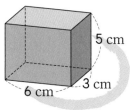

5 cm
6 cm
3 cm

(   )

⑧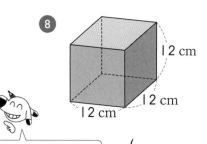

12 cm
12 cm
12 cm

부피를 암산으로 구하는 꿀팁

5의 배수가 계산이 쉬우니까
5가 있으면 먼저 곱해 보세요!
5와 짝수를 곱하면 몇십이 돼요~

(   )

목표 시간 **3분**

✂ 직육면체와 정육면체의 부피는 몇 cm³인지 구하세요.

cm 단위인 변을 3개 곱하니까 cm 단위 위에 3을 붙여 준다고 기억해요.

1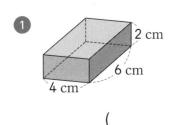

2 cm
6 cm
4 cm

(cm^3)

부피의 단위를 꼭 써 주세요~

5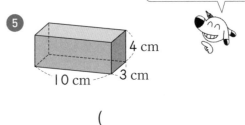

4 cm
10 cm
3 cm

(   )

2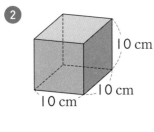

10 cm
10 cm
10 cm

(   )

6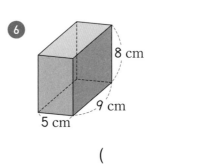

8 cm
9 cm
5 cm

(   )

3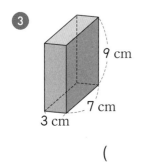

9 cm
7 cm
3 cm

(   )

7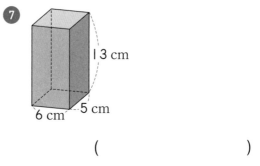

13 cm
6 cm
5 cm

(   )

4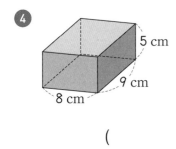

5 cm
9 cm
8 cm

(   )

8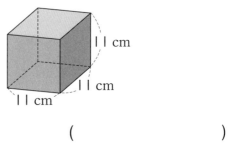

11 cm
11 cm
11 cm

(   )

50 전개도에서 가로, 세로, 높이를 찾아 곱하자

✂ 전개도를 이용하여 만든 직육면체의 부피는 몇 cm³인지 구하세요.

입체도형을 펼쳐서 평면에 나타낸 그림이에요.

① 4 cm ← 가로
2 cm ← 세로
5 cm
↑ 높이

(cm³)

⑤ 5 cm   10 cm   4 cm

(   )

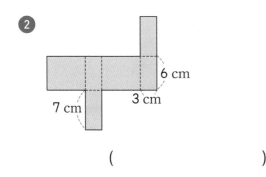

② 6 cm
7 cm   3 cm

(   )

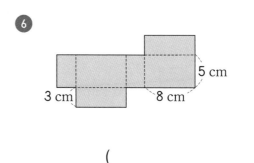

⑥ 5 cm
3 cm   8 cm

(   )

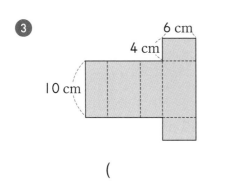

③ 6 cm
4 cm
10 cm

(   )

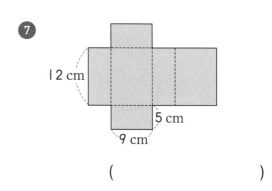

⑦ 12 cm
5 cm
9 cm

(   )

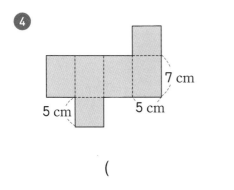

④ 7 cm
5 cm   5 cm

(   )

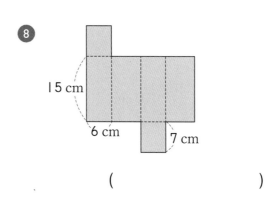

⑧ 15 cm
6 cm   7 cm

(   )

✤ 전개도를 이용하여 만든 정육면체의 부피는 몇 cm³인지 구하세요.

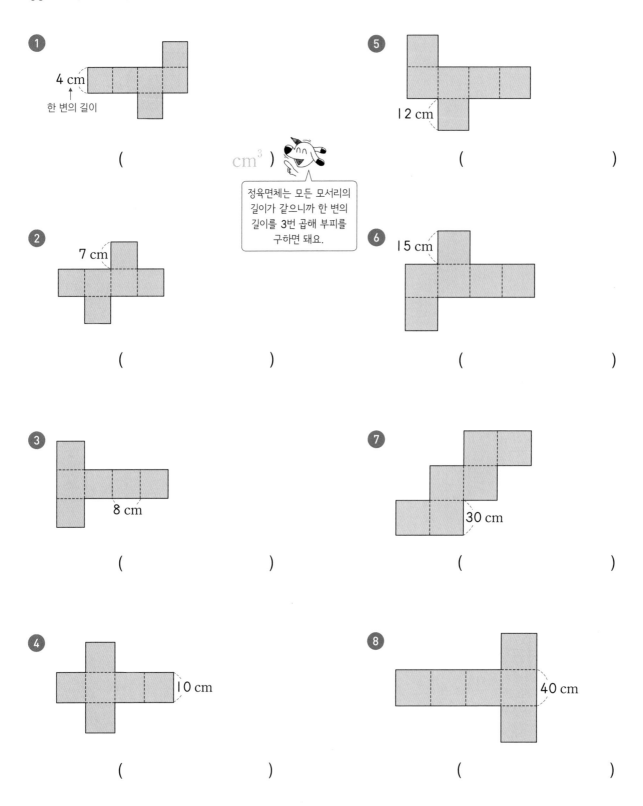

① 4 cm
한 변의 길이

( )

cm³

정육면체는 모든 모서리의 길이가 같으니까 한 변의 길이를 3번 곱해 부피를 구하면 돼요.

② 7 cm

( )

③ 8 cm

( )

④ 10 cm

( )

⑤ 12 cm

( )

⑥ 15 cm

( )

⑦ 30 cm

( )

⑧ 40 cm

( )

51 직육면체의 부피 공식을 이용하여 한 변 구하기

목표 시간
☺ 3분 ☺

� 직육면체의 부피가 다음과 같을 때 ☐ 안에 알맞은 수를 써넣으세요.

① 부피: 30 cm³

☐ cm
5 cm
3 cm

(직육면체의 부피)＝(가로)×(세로)×(높이)
↓
30＝3×5×(높이), 30＝15×(높이)이므로
(높이)＝30÷15로 구할 수 있어요.
↑
(높이)＝(직육면체의 부피)÷((가로)×(세로))

② 부피: 48 cm³

3 cm
4 cm
☐ cm

가로를 구하려면 부피를
세로와 높이의 곱으로 차례로
나누어 구할 수 있어요.

(가로)＝(직육면체의 부피)÷((세로)×(높이))

③ 부피: 84 cm³

7 cm
2 cm ☐ cm

(세로)＝(직육면체의 부피)÷((가로)×(높이))

④ 부피: 27 cm³

☐ cm
3 cm
3 cm

⑤ 부피: 84 cm³

3 cm
4 cm
☐ cm

⑥ 부피: 125 cm³

5 cm
5 cm ☐ cm

⑦ 부피: 105 cm³

5 cm
7 cm ☐ cm

⑧ 부피: 160 cm³

☐ cm
5 cm 4 cm

※ 개정된 교육과정에서는 중괄호 { }를
   사용하지 않아, 소괄호를 두 번 사용했습니다.

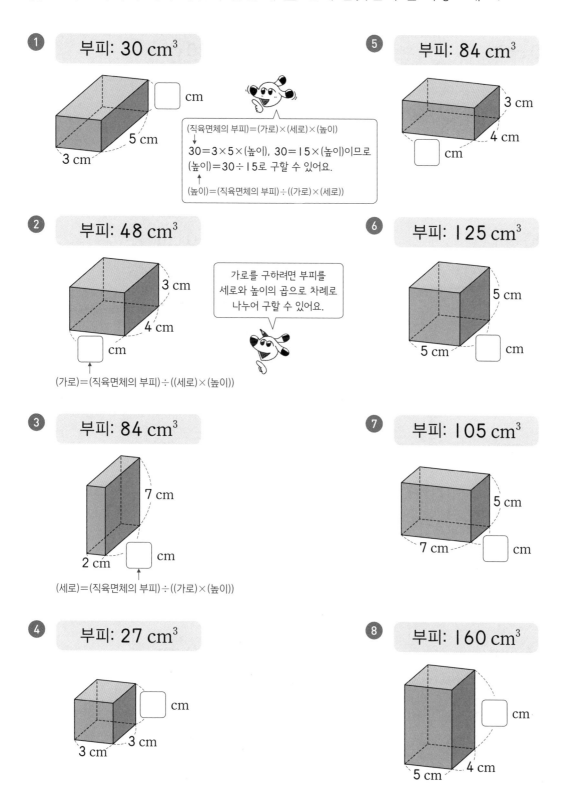

목표 시간 3분

직육면체의 부피가 다음과 같을 때 □ 안에 알맞은 수를 써넣으세요.

① 부피: 90 cm³

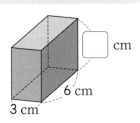

□ cm
6 cm
3 cm

모르는 길이는 직육면체의 부피를 주어진 두 길이의 곱으로 나누어 구할 수 있어요~

② 부피: 100 cm³

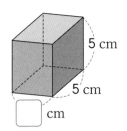

5 cm
5 cm
□ cm

③ 부피: 72 cm³

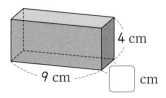

4 cm
9 cm
□ cm

④ 부피: 216 cm³

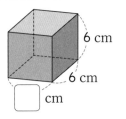

6 cm
6 cm
□ cm

⑤ 부피: 120 cm³

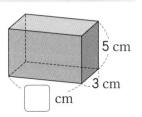

5 cm
3 cm
□ cm

⑥ 부피: 210 cm³

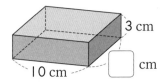

3 cm
10 cm
□ cm

⑦ 부피: 1331 cm³

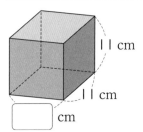

11 cm
11 cm
□ cm

⑧ 부피: 210 cm³

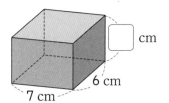

□ cm
6 cm
7 cm

52 m³는 cm³의 1000000배

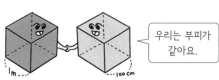

우리는 부피가 같아요.

🐾 ☐ 안에 알맞은 수를 써넣으세요.

1 1 m³ = ☐ cm³

1 m³는 한 모서리의 길이가 1 m인 정육면체의 부피이고, '1 세제곱미터'라고 읽어요.

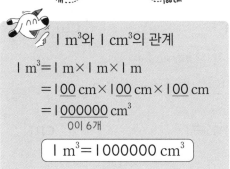

1 m³와 1 cm³의 관계

$1 \text{ m}^3 = 1 \text{ m} \times 1 \text{ m} \times 1 \text{ m}$
$= 100 \text{ cm} \times 100 \text{ cm} \times 100 \text{ cm}$
$= 1000000 \text{ cm}^3$
  0이 6개

$1 \text{ m}^3 = 1000000 \text{ cm}^3$

2 4 m³ = ☐ cm³

4뒤에 0을 6개 붙여요.

반대로 0을 6개 빼고 써 보세요.

3 10 m³ = ☐ cm³

9 9000000 cm³ = ☐ m³

이건 꿀팁! 이렇게 0을 3개씩 끊으면 0을 6개 빼고 쓸 때 실수가 줄어요.

4 15 m³ = ☐ cm³

10 25000000 cm³ = ☐ m³

5 23 m³ = ☐ cm³

11 37000000 cm³ = ☐ m³

6 38 m³ = ☐ cm³

12 42000000 cm³ = ☐ m³

친구들이 자주 틀리는 문제! 앗! 실수

7 46 m³ = ☐ cm³

13 50 m³ = ☐ cm³

조심! 0의 개수를 헷갈리지 않도록 주의해요.

8 51 m³ = ☐ cm³

14 60000000 cm³ = ☐ m³

m³는 cm³의 백만 배~

❀ □ 안에 알맞은 수를 써넣으세요.

① 7 m³ = [   ] cm³

7뒤에 0을 6개 붙여요.

② 29 m³ = [   ] cm³

③ 53 m³ = [   ] cm³

④ 80 m³ = [   ] cm³

⑤ 5000000 cm³ = [   ] m³

⑥ 31000000 cm³ = [   ] m³

⑦ 10000000 cm³ = [   ] m³

⑧ 90000000 cm³ = [   ] m³

⑨ 0.1 m³ = [   ] cm³

소수점을 오른쪽으로 6칸 옮겨요.

⑩ 1.2 m³ = [   ] cm³

⑪ 3.6 m³ = [   ] cm³

⑫ 5.4 m³ = [   ] cm³

⑬ 2700000 cm³ = [   ] m³

소수점을 왼쪽으로 6칸 옮겨요.

⑭ 6800000 cm³ = [   ] m³

⑮ 7100000 cm³ = [   ] m³

친구들이 자주 틀리는 문제! 앗! 실수

⑯ 300000 cm³ = [   ] m³

53 직육면체와 정육면체의 부피를 큰 단위로 구하기

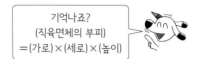

✂ 직육면체와 정육면체의 부피는 몇 m³인지 구하세요.

①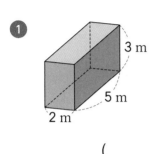

(m³)

가로, 세로, 높이의
단위가 모두 m니까
부피의 단위는 m³를 써요.

②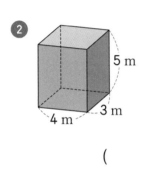

( )

③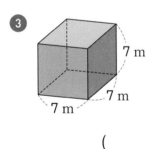

( )

④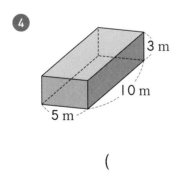

( )

⑤

( )

⑥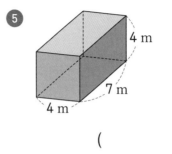

( )

⑦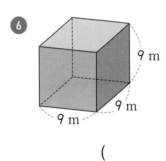

( )

⑧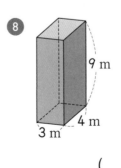

( )

목표 시간 3분

✂ 직육면체와 정육면체의 부피는 몇 m³인지 구하세요.

 ①

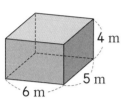

4 m
5 m
6 m

(m³)

부피의 단위를 꼭 써 주세요~

②

30 m
30 m
30 m

(   )

③

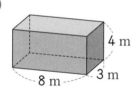

4 m
8 m
3 m

(   )

④

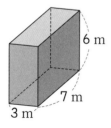

6 m
7 m
3 m

(   )

⑤

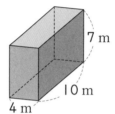

7 m
10 m
4 m

(   )

⑥

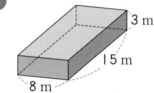

3 m
15 m
8 m

(   )

⑦

9 m
12 m
5 m

(   )

⑧

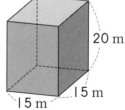

20 m
15 m
15 m

(   )

m 단위인 변을 3개 곱하니까 m 단위 위에 3을 붙여 준다고 기억해요.

54 길이 단위가 다르면 통일한 다음 부피를 구하자

✼ 직육면체와 정육면체의 부피는 몇 m³인지 구하세요.

1

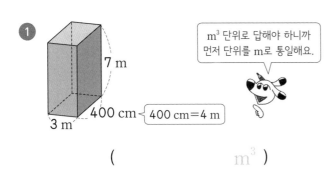

7 m
400 cm ─ 400 cm=4 m
3 m

m³ 단위로 답해야 하니까 먼저 단위를 m로 통일해요.

(m^3)

2

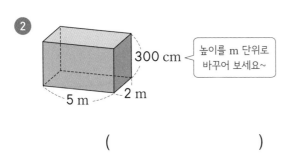

300 cm
5 m
2 m

높이를 m 단위로 바꾸어 보세요~

(   )

3

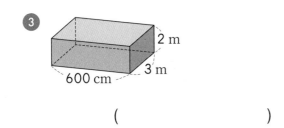

2 m
600 cm
3 m

(   )

4

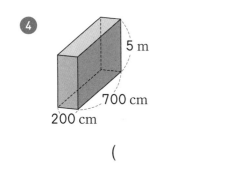

5 m
700 cm
200 cm

(   )

5

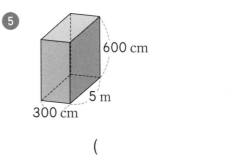

600 cm
5 m
300 cm

(   )

6

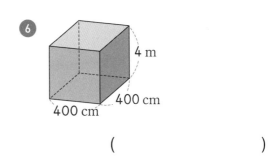

4 m
400 cm
400 cm

(   )

7

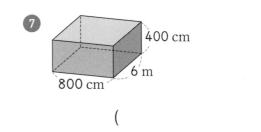

400 cm
6 m
800 cm

(   )

8

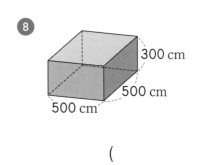

300 cm
500 cm
500 cm

(   )

✻ 직육면체와 정육면체의 부피는 몇 m³인지 구하세요.

먼저 단위부터
통일하고 계산하기!
잊지 마세요~

①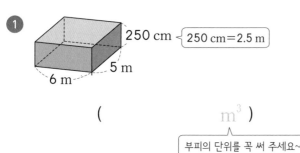
250 cm → 250 cm=2.5 m
5 m
6 m

(m^3)

부피의 단위를 꼭 써 주세요~

②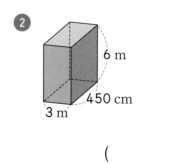
6 m
450 cm
3 m

( )

③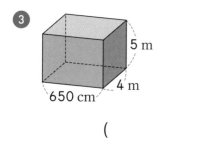
5 m
650 cm · 4 m

( )

④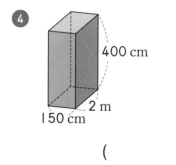
400 cm
2 m
150 cm

( )

⑤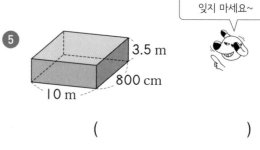
3.5 m
800 cm
10 m

( )

⑥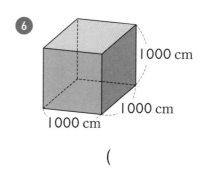
1000 cm
1000 cm
1000 cm

( )

⑦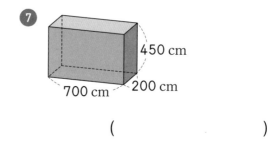
450 cm
700 cm · 200 cm

( )

⑧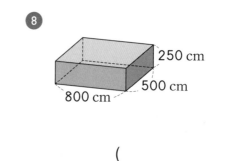
250 cm
500 cm
800 cm

( )

55 합동인 세 면을 이용하여 직육면체의 겉넓이 구하기

여섯 면의 넓이를 각각 구한 다음 더할 수도 있지만 더 간단한 방법이 좋겠죠?

✖ 직육면체의 겉넓이는 몇 cm²인지 구하세요.

①

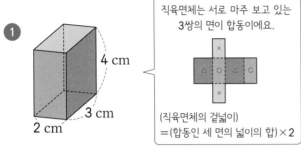

직육면체는 서로 마주 보고 있는 3쌍의 면이 합동이에요.

(직육면체의 겉넓이)
=(합동인 세 면의 넓이의 합)×2

$(2\times3+2\times4+3\times4)\times2$

$=\boxed{}\times2=\boxed{}\ (cm^2)$

④

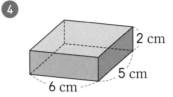

$(6\times\boxed{}+\boxed{}\times2+5\times2)\times2$

$=\boxed{}\times2=\boxed{}\ (cm^2)$

②

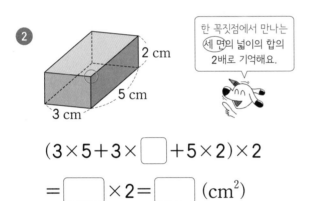

한 꼭짓점에서 만나는 세 면의 넓이의 합의 2배로 기억해요.

$(3\times5+3\times\boxed{}+5\times2)\times2$

$=\boxed{}\times2=\boxed{}\ (cm^2)$

⑤

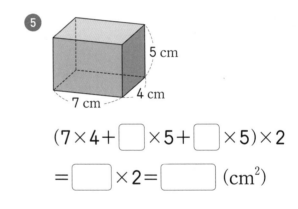

$(7\times4+\boxed{}\times5+\boxed{}\times5)\times2$

$=\boxed{}\times2=\boxed{}\ (cm^2)$

③

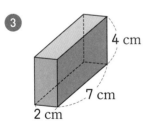

$(2\times7+2\times4+7\times\boxed{})\times2$

$=\boxed{}\times2=\boxed{}\ (cm^2)$

⑥

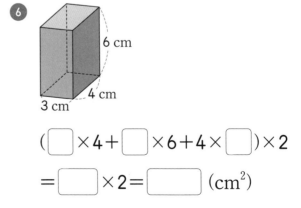

$(\boxed{}\times4+\boxed{}\times6+4\times\boxed{})\times2$

$=\boxed{}\times2=\boxed{}\ (cm^2)$

목표 시간
4분

직육면체의 겉넓이는 몇 cm²인지 구하세요.

직육면체의 겉넓이는 한 꼭짓점에서
만나는 세 면의 넓이의 합의 2배~

1

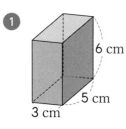
6 cm
5 cm
3 cm

(cm²)

넓이의 단위 cm²와
부피의 단위 cm³를
혼동하면 안 되겠죠?

2

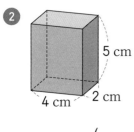
5 cm
4 cm   2 cm

(   )

3

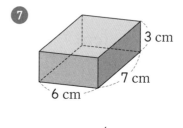
6 cm
3 cm
3 cm

(   )

4

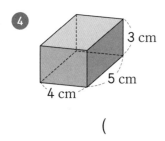
3 cm
5 cm
4 cm

(   )

5

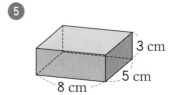
3 cm
5 cm
8 cm

(   )

6

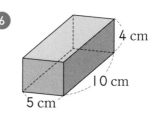
4 cm
10 cm
5 cm

(   )

7

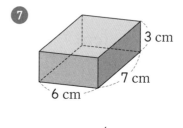
3 cm
7 cm
6 cm

(   )

8

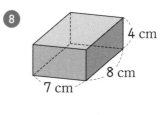
4 cm
8 cm
7 cm

(   )

✿ 전개도를 이용하여 만든 직육면체의 겉넓이는 몇 cm²인지 구하세요.

❶

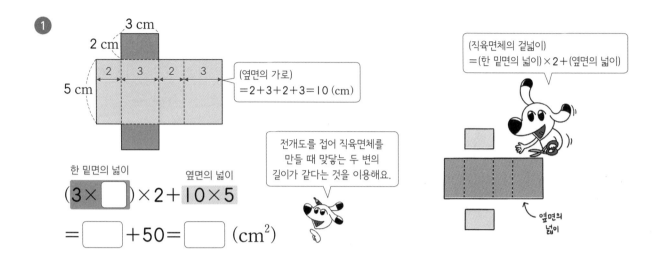

3 cm
2 cm
2 3 2 3
5 cm

(옆면의 가로)
=2+3+2+3=10 (cm)

(직육면체의 겉넓이)
=(한 밑면의 넓이)×2+(옆면의 넓이)

전개도를 접어 직육면체를
만들 때 맞닿는 두 변의
길이가 같다는 것을 이용해요.

옆면의
넓이

한 밑면의 넓이   옆면의 넓이
$(3 \times \boxed{}) \times 2 + 10 \times 5$

$= \boxed{} + 50 = \boxed{}$ (cm²)

❷

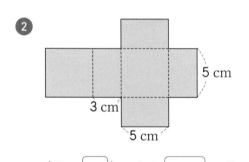

5 cm
3 cm
5 cm

$(5 \times \boxed{}) \times 2 + \boxed{} \times 5$

$= \boxed{} + \boxed{} = \boxed{}$ (cm²)

❹

4 cm
8 cm
3 cm

$(8 \times \boxed{}) \times 2 + \boxed{} \times 3$

$= \boxed{} + \boxed{} = \boxed{}$ (cm²)

❸

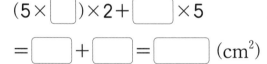

6 cm
2 cm
6 2 6 2
4 cm

이렇게 그림 위에 길이를
표시하면 옆면의 가로를
빠르게 구할 수 있을 거예요.

6+2+6+2
$(6 \times \boxed{}) \times 2 + \boxed{} \times 4$

$= \boxed{} + \boxed{} = \boxed{}$ (cm²)

❺

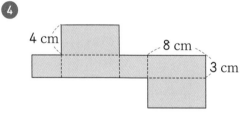

6 cm
5 cm
4 cm

$(5 \times \boxed{}) \times 2 + \boxed{} \times 6$

$= \boxed{} + \boxed{} = \boxed{}$ (cm²)

목표 시간 5분

✂ 전개도를 이용하여 만든 직육면체의 겉넓이는 몇 cm²인지 구하세요.

①
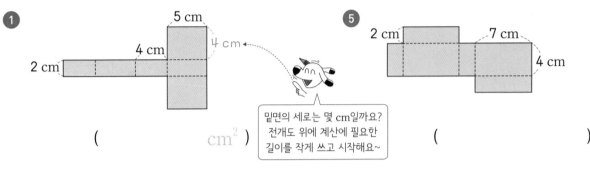

밑면의 세로는 몇 cm일까요?
전개도 위에 계산에 필요한
길이를 작게 쓰고 시작해요~

(cm²)

⑤

( )

②
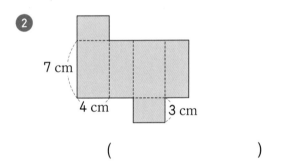

( )

⑥
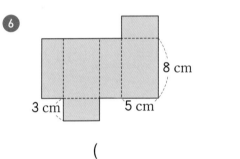

( )

③
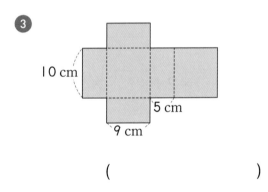

( )

⑦
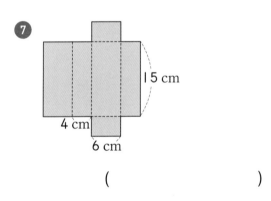

( )

④
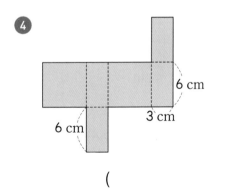

( )

⑧
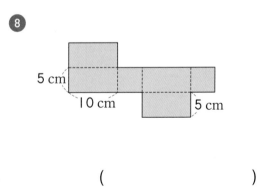

( )

✂ 직육면체의 겉넓이는 몇 cm²인지 구하세요.

> 직육면체의 겉넓이를 구할 때 꿀팁
> ❶ 입체도형이면 ➡ (합동인 세 면의 넓이의 합)×2
> ❷ 전개도이면 ➡ (한 밑면의 넓이)×2＋(옆면의 넓이)로
>   푸는 방법이 가장 편리해요!

1

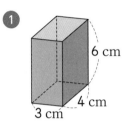

(cm²   )

> 넓이의 단위를 꼭 써 주세요~

5

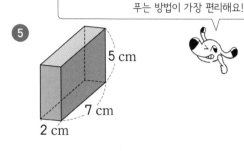

(   )

2

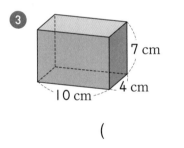

(   )

6

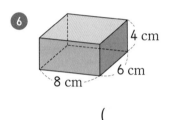

(   )

3

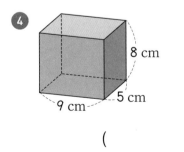

(   )

7

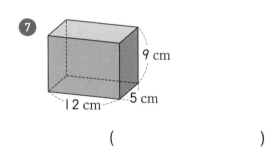

(   )

4

(   )

8

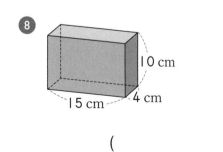

(   )

※ 전개도를 이용하여 만든 직육면체의 겉넓이는 몇 cm^2인지 구하세요.

❶

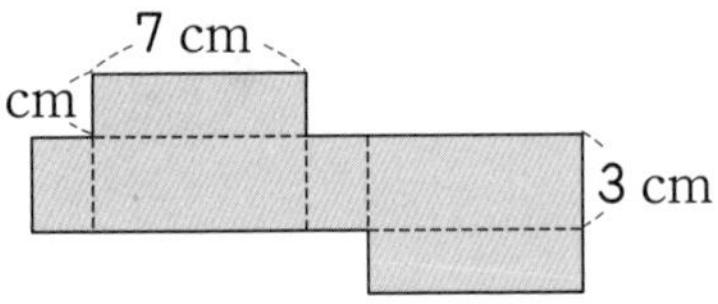
7 cm
2 cm
3 cm

(cm^2)

넓이의 단위를 꼭 써 주세요~

❷

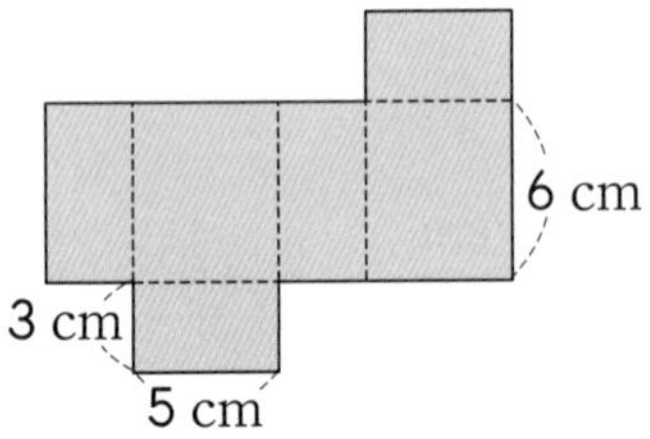
6 cm
3 cm
5 cm

( )

❸

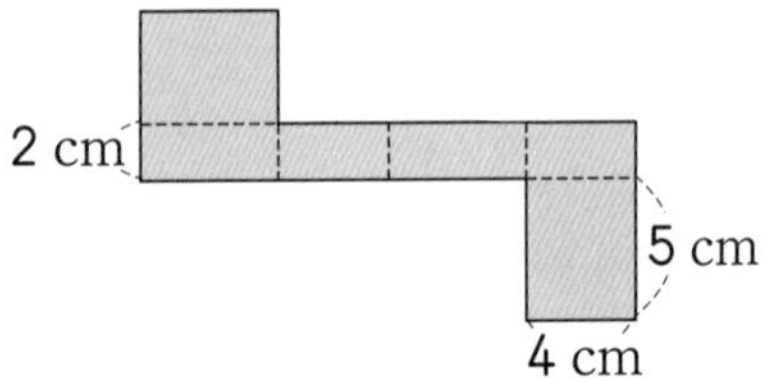
2 cm
5 cm
4 cm

( )

❹

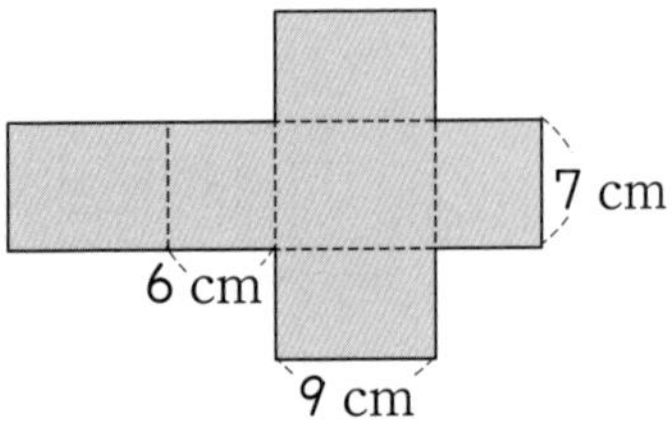
7 cm
6 cm
9 cm

( )

❺

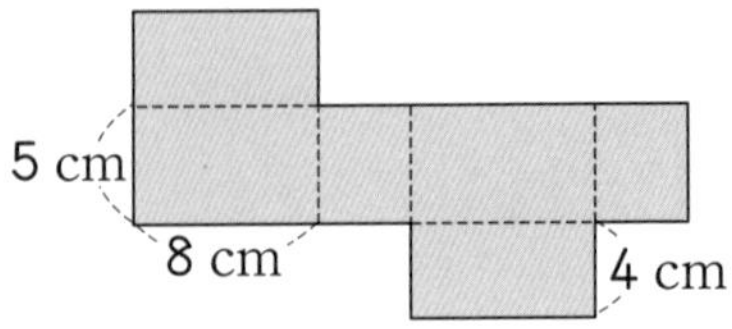
5 cm
8 cm
4 cm

( )

❻

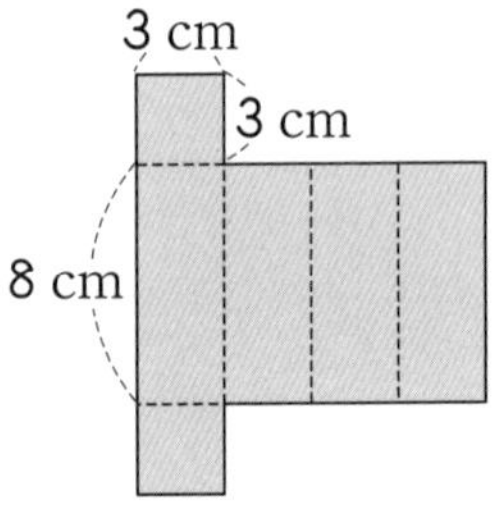
3 cm
3 cm
8 cm

( )

❼

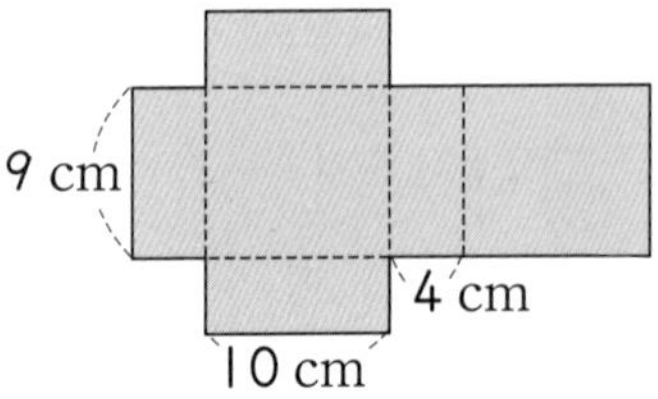
9 cm
4 cm
10 cm

( )

❽

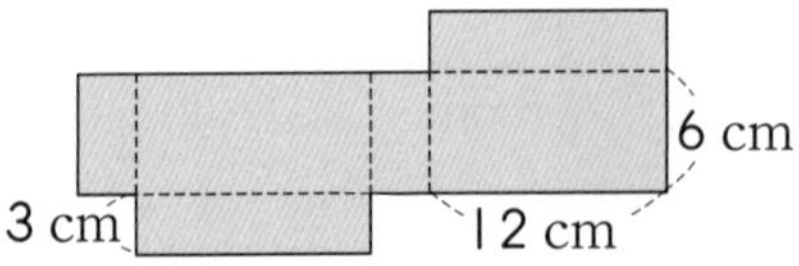
6 cm
3 cm
12 cm

( )

✖ 정육면체의 겉넓이는 몇 cm²인지 구하세요.

①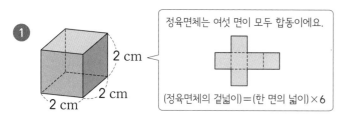

정육면체는 여섯 면이 모두 합동이에요.

(정육면체의 겉넓이)=(한 면의 넓이)×6

$2×\boxed{}×6=\boxed{}$ (cm²)

한 면의 넓이

②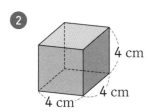

$\boxed{}×4×6=\boxed{}$ (cm²)

③

$7×\boxed{}×\boxed{}=\boxed{}$ (cm²)

④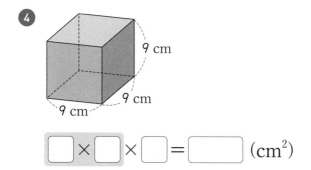

$\boxed{}×\boxed{}×\boxed{}=\boxed{}$ (cm²)

⑤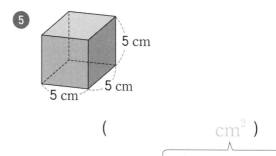

(cm²)

넓이의 단위를 꼭 써 주세요~

⑥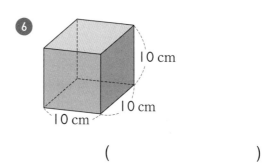

( )

⑦

( )

⑧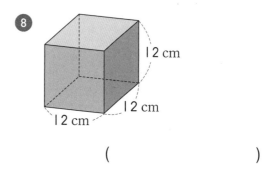

( )

✵ 전개도를 이용하여 만든 정육면체의 겉넓이는 몇 cm²인지 구하세요.

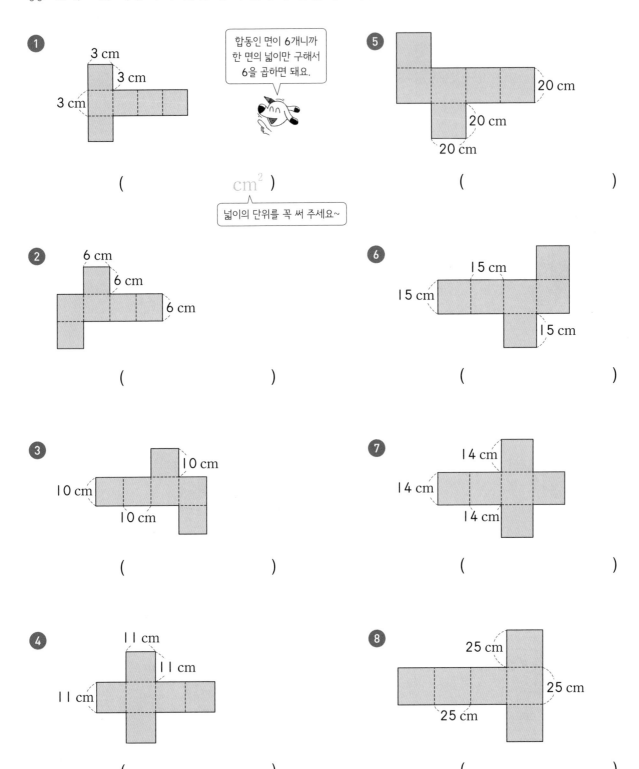

1 3 cm 3 cm 3 cm

합동인 면이 6개니까 한 면의 넓이만 구해서 6을 곱하면 돼요.

(cm²   )

넓이의 단위를 꼭 써 주세요~

5 20 cm 20 cm 20 cm

(   )

2 6 cm 6 cm 6 cm

(   )

6 15 cm 15 cm 15 cm

(   )

3 10 cm 10 cm 10 cm

(   )

7 14 cm 14 cm 14 cm

(   )

4 11 cm 11 cm 11 cm

(   )

8 25 cm 25 cm 25 cm

(   )

✿ 직육면체와 정육면체의 부피와 겉넓이를 각각 구하세요.

①

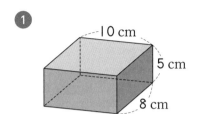

부피 (cm³)

겉넓이 (cm²)

> 부피와 겉넓이의
> 단위를 꼭 써 주세요~

④

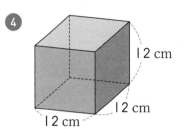

부피 (   )

겉넓이 (   )

②

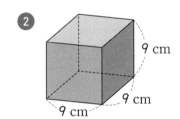

부피 (   )

겉넓이 (   )

⑤

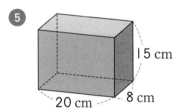

부피 (   )

겉넓이 (   )

③

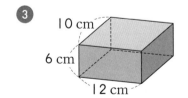

부피 (   )

겉넓이 (   )

⑥

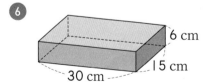

부피 (   )

겉넓이 (   )

✂ 전개도를 이용하여 만든 직육면체와 정육면체의 부피와 겉넓이를 각각 구하세요.

1

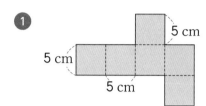

5 cm
5 cm
5 cm

부피 (cm³)

겉넓이 (cm²)

> 부피와 겉넓이의
> 단위를 꼭 써 주세요~

4

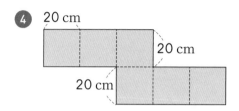

20 cm
20 cm
20 cm

부피 (   )

겉넓이 (   )

2

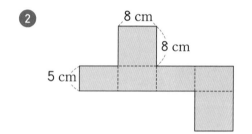

8 cm
8 cm
5 cm

부피 (   )

겉넓이 (   )

5

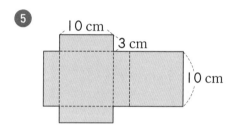

10 cm
3 cm
10 cm

부피 (   )

겉넓이 (   )

3

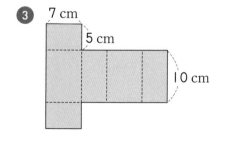

7 cm
5 cm
10 cm

부피 (   )

겉넓이 (   )

6

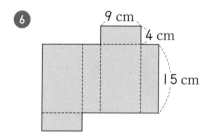

9 cm
4 cm
15 cm

부피 (   )

겉넓이 (   )

60 생활 속 연산 — 직육면체의 부피와 겉넓이

✂ 그림을 보고 ☐ 안에 알맞은 수를 써넣으세요.

1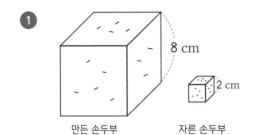

만든 손두부   자른 손두부

정육면체 모양의 손두부를 만들었습니다.

만든 손두부의 부피는 ☐ cm³이고 자른 정육면

체 모양의 손두부 1개의 부피는 ☐ cm³입니다.

2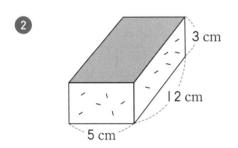

유진이는 가로 5 cm, 세로 12 cm, 높이 3 cm인 직

육면체 모양의 카스텔라를 간식으로 먹었습니다.

유진이가 간식으로 먹은 카스텔라의 부피는

☐ cm³입니다.

3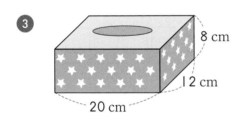

윤지가 마트에서 가로 20 cm, 세로 12 cm, 높이 8 cm

인 직육면체 모양의 휴지 상자를 샀습니다.

휴지 상자의 겉넓이는 ☐ cm²입니다.

4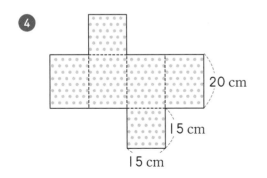

서준이는 직육면체 모양의 선물 상자를 만들기 위해

왼쪽과 같은 전개도를 그렸습니다.

이 전개도로 만든 선물 상자의 겉넓이는

☐ cm²입니다.

목표 시간 3분

택배함에서 택배를 찾으려면 비밀번호를 알아야 합니다. 직육면체 모양의 택배 상자의 부피 또는 겉넓이를 계산해 비밀번호를 구하세요.

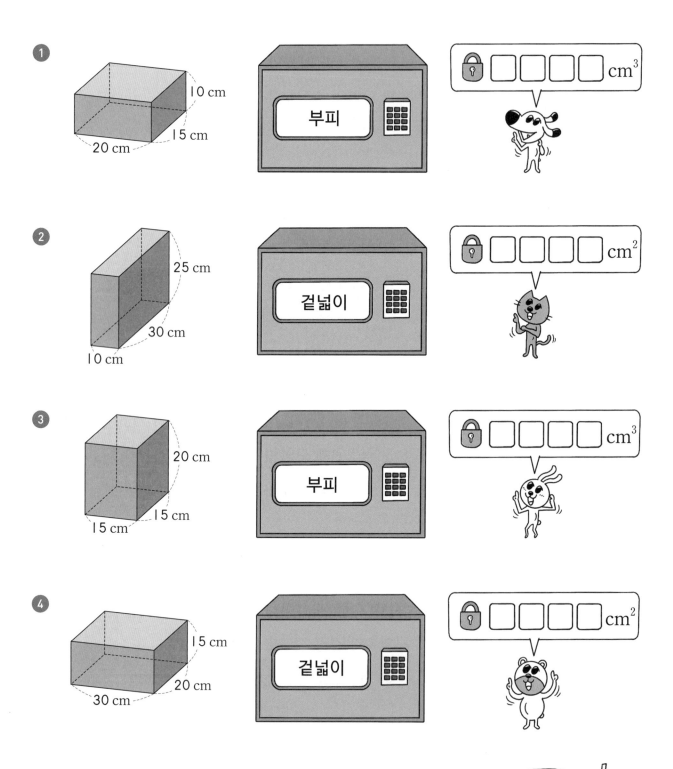

① 10 cm, 15 cm, 20 cm

부피 ▢▢▢▢ cm³

② 25 cm, 30 cm, 10 cm

겉넓이 ▢▢▢▢ cm²

③ 20 cm, 15 cm, 15 cm

부피 ▢▢▢▢ cm³

④ 15 cm, 20 cm, 30 cm

겉넓이 ▢▢▢▢ cm²

끝까지 풀다니! 너 정말 멋지다~

바쁜
6학년을
위한

빠른
교과서
연산

6-1 정답

맨날
노는데
수학 잘하는 너!
도대체 비결이
뭐야?

① 정답을 확인한 후 틀린 문제는 ☆표를 쳐 놓으세요~
② 그런 다음 연습장에 틀린 문제를 옮겨 적으세요.
③ 그리고 그 문제들만 한 번 더 풀어 보세요.

시간은 얼마 걸리지 않아요. 그러나 이때 실력이 확 붙는 거예요.
아는 문제를 여러 번 다시 푸는 건 시간 낭비예요.
틀린 문제만 모아서 풀면 아무리 바쁘더라도
이번 학기 수학은 걱정 없어요!

비결은
간단해!

첫째 마당 · 분수의 나눗셈

01단계 ▸▸ 11쪽

① 1 ② $\dfrac{1}{6}$ ③ $\dfrac{1}{8}$ ④ $\dfrac{2}{5}$

⑤ $\dfrac{4}{7}$ ⑥ $\dfrac{3}{10}$ ⑦ 2, 1 ⑧ $\dfrac{1}{3}$

⑨ $\dfrac{2}{3}$ ⑩ $\dfrac{1}{3}$ ⑪ $\dfrac{3}{5}$ ⑫ $\dfrac{1}{2}$

01단계 ▸▸ 12쪽

① $\dfrac{1}{5}$ ② $\dfrac{2}{7}$ ③ $\dfrac{5}{6}$ ④ $\dfrac{1}{2}$

⑤ $\dfrac{3}{11}$ ⑥ $\dfrac{2}{5}$ ⑦ $\dfrac{7}{9}$ ⑧ $\dfrac{3}{4}$

⑨ $\dfrac{5}{7}$ ⑩ $\dfrac{11}{13}$ ⑪ $\dfrac{2}{5}$ ⑫ $\dfrac{2}{3}$

02단계 ▸▸ 13쪽

① 1, 1 ② 5, $1\dfrac{2}{3}$ ③ $1\dfrac{1}{6}$ ④ $2\dfrac{1}{2}$

⑤ $2\dfrac{1}{4}$ ⑥ $2\dfrac{1}{5}$ ⑦ $1\dfrac{5}{7}$ ⑧ $1\dfrac{4}{9}$

⑨ $1\dfrac{7}{10}$ ⑩ $1\dfrac{9}{11}$ ⑪ $2\dfrac{1}{12}$ ⑫ $2\dfrac{2}{13}$

02단계 ▸▸ 14쪽

① 7, $3\dfrac{1}{2}$ ② $1\dfrac{2}{7}$ ③ $3\dfrac{1}{3}$ ④ $2\dfrac{2}{5}$

⑤ $4\dfrac{1}{4}$ ⑥ $1\dfrac{2}{9}$ ⑦ $1\dfrac{5}{8}$ ⑧ $5\dfrac{1}{4}$

⑨ $3\dfrac{5}{6}$ ⑩ $2\dfrac{5}{12}$ ⑪ $3\dfrac{1}{11}$

03단계 ▸▸ 15쪽

① 1 ② 3, 3, 1 ③ $\dfrac{1}{6}$ ④ $\dfrac{2}{7}$

⑤ $\dfrac{1}{8}$ ⑥ $\dfrac{2}{9}$ ⑦ $\dfrac{3}{10}$ ⑧ $\dfrac{2}{11}$

⑨ $\dfrac{3}{13}$ ⑩ $\dfrac{7}{15}$ ⑪ $\dfrac{5}{17}$ ⑫ $\dfrac{8}{19}$

03단계 ▸▸ 16쪽

① 3, 3, 1 ② 2 ③ $\dfrac{2}{9}$ ④ $\dfrac{4}{11}$

⑤ $\dfrac{2}{13}$ ⑥ $\dfrac{3}{14}$ ⑦ $\dfrac{1}{15}$ ⑧ $\dfrac{3}{16}$

⑨ $\dfrac{8}{17}$ ⑩ $\dfrac{2}{19}$ ⑪ $\dfrac{5}{21}$ ⑫ $\dfrac{2}{23}$

04단계 ▸▸ 17쪽

① 2, 1 ② 6, 6, 2 ③ 4, 4, 20, 20, 4, 5

④ 예 $\dfrac{4\times5}{7\times5}\div5=\dfrac{20}{35}\div5=\dfrac{20\div5}{35}=\dfrac{4}{35}$

⑤ 예 $\dfrac{3\times7}{8\times7}\div7=\dfrac{21}{56}\div7=\dfrac{21\div7}{56}=\dfrac{3}{56}$

⑥ 예 $\dfrac{5\times8}{9\times8}\div8=\dfrac{40}{72}\div8=\dfrac{40\div8}{72}=\dfrac{5}{72}$

⑦ 예 $\dfrac{2\times9}{11\times9}\div9=\dfrac{18}{99}\div9=\dfrac{18\div9}{99}=\dfrac{2}{99}$

04단계 ▸▸ 18쪽

① 2, 2, 6, 6, 2, 3 ② $\dfrac{4}{15}$ ③ $\dfrac{5}{28}$

④ $\dfrac{7}{24}$ ⑤ $\dfrac{4}{45}$ ⑥ $\dfrac{3}{70}$ ⑦ $\dfrac{5}{22}$

⑧ $\dfrac{8}{39}$ ⑨ $\dfrac{1}{36}$ ⑩ $\dfrac{3}{50}$ ⑪ $\dfrac{11}{36}$

05단계 ▸ 19쪽

① 2　　② 12, 3　　③ $\dfrac{5}{21}$　　④ $\dfrac{3}{16}$

⑤ $\dfrac{8}{27}$　　⑥ $\dfrac{7}{50}$　　⑦ $\dfrac{6}{55}$　　⑧ $\dfrac{5}{48}$

⑨ $\dfrac{9}{65}$　　⑩ $\dfrac{3}{28}$　　⑪ $\dfrac{13}{45}$　　⑫ $\dfrac{11}{32}$

05단계 ▸ 20쪽

① 15, 3　　② $\dfrac{5}{16}$　　③ $\dfrac{7}{54}$　　④ $\dfrac{9}{40}$

⑤ $\dfrac{4}{77}$　　⑥ $\dfrac{5}{24}$　　⑦ $\dfrac{7}{39}$　　⑧ $\dfrac{9}{28}$

⑨ $\dfrac{11}{60}$　　⑩ $\dfrac{5}{48}$　　⑪ $\dfrac{15}{34}$　　⑫ $\dfrac{13}{90}$

06단계 ▸ 21쪽

① 6　　② 7, 21　　③ $\dfrac{3}{8}$　　④ $\dfrac{4}{25}$

⑤ $\dfrac{5}{18}$　　⑥ $\dfrac{4}{49}$　　⑦ $\dfrac{5}{48}$　　⑧ $\dfrac{2}{45}$

⑨ $\dfrac{3}{20}$　　⑩ $\dfrac{7}{55}$　　⑪ $\dfrac{7}{48}$　　⑫ $\dfrac{8}{39}$

06단계 ▸ 22쪽

① 3, 15　　② $\dfrac{1}{24}$　　③ $\dfrac{3}{14}$　　④ $\dfrac{3}{56}$

⑤ $\dfrac{8}{45}$　　⑥ $\dfrac{7}{60}$　　⑦ $\dfrac{2}{77}$　　⑧ $\dfrac{7}{60}$

⑨ $\dfrac{9}{52}$　　⑩ $\dfrac{11}{42}$　　⑪ $\dfrac{8}{75}$　　⑫ $\dfrac{15}{64}$

07단계 ▸ 23쪽

① 6　　② 9, 12　　③ $\dfrac{2}{15}$　　④ $\dfrac{1}{28}$

⑤ $\dfrac{1}{16}$　　⑥ $\dfrac{2}{45}$　　⑦ $\dfrac{3}{40}$　　⑧ $\dfrac{1}{22}$

⑨ $\dfrac{1}{36}$　　⑩ $\dfrac{3}{52}$　　⑪ $\dfrac{3}{14}$　　⑫ $\dfrac{1}{45}$

07단계 ▸ 24쪽

① 6, 8　　② $\dfrac{1}{10}$　　③ $\dfrac{1}{18}$　　④ $\dfrac{1}{14}$

⑤ $\dfrac{1}{16}$　　⑥ $\dfrac{1}{36}$　　⑦ $\dfrac{1}{30}$　　⑧ $\dfrac{2}{33}$

⑨ $\dfrac{5}{52}$　　⑩ $\dfrac{1}{24}$　　⑪ $\dfrac{2}{45}$　　⑫ $\dfrac{5}{64}$

08단계 ▸ 25쪽

① 2, 2　　② 3　　③ $\dfrac{3}{5}$　　④ $\dfrac{5}{6}$

⑤ $\dfrac{2}{7}$　　⑥ $\dfrac{5}{8}$　　⑦ $\dfrac{2}{9}$　　⑧ $\dfrac{7}{10}$

⑨ $\dfrac{4}{11}$　　⑩ $\dfrac{2}{13}$　　⑪ $\dfrac{9}{14}$　　⑫ $\dfrac{2}{15}$

08단계 ▸ 26쪽

① 5, 3, $1\dfrac{1}{2}$　　② $1\dfrac{1}{3}$　　③ $2\dfrac{1}{4}$

④ $1\dfrac{1}{5}$　　⑤ $1\dfrac{1}{6}$　　⑥ $1\dfrac{3}{7}$　　⑦ $1\dfrac{1}{8}$

⑧ $1\dfrac{5}{9}$　　⑨ $1\dfrac{1}{10}$　　⑩ $1\dfrac{2}{11}$　　⑪ $1\dfrac{1}{13}$

⑫ $1\dfrac{3}{14}$

09단계 ▸ 27쪽

① 4　　② 4, 12　　③ $\dfrac{9}{20}$　　④ $\dfrac{8}{15}$

⑤ $\dfrac{11}{12}$　　⑥ $\dfrac{13}{42}$　　⑦ $\dfrac{23}{24}$　　⑧ $\dfrac{20}{63}$

⑨ $\frac{21}{40}$ ⑩ $\frac{27}{55}$ ⑪ $\frac{19}{96}$ ⑫ $\frac{25}{84}$

09단계 ▶▶ 28쪽

① 6   ② $\frac{1}{6}$ ③ $\frac{1}{8}$ ④ $\frac{3}{10}$

⑤ $\frac{1}{12}$ ⑥ $\frac{4}{21}$ ⑦ $\frac{3}{32}$ ⑧ $\frac{8}{27}$

⑨ $\frac{1}{30}$ ⑩ $\frac{1}{22}$ ⑪ $\frac{1}{24}$ ⑫ $\frac{5}{26}$

10단계 ▶▶ 29쪽

① 5   ② 5, 2, $\frac{5}{6}$ ③ $\frac{7}{36}$ ④ $\frac{11}{20}$

⑤ $\frac{7}{30}$ ⑥ $\frac{17}{42}$ ⑦ $\frac{13}{32}$ ⑧ $\frac{22}{63}$

⑨ $\frac{17}{20}$ ⑩ $\frac{25}{88}$ ⑪ $\frac{19}{72}$ ⑫ $\frac{29}{39}$

10단계 ▶▶ 30쪽

① 7, 4, $\frac{7}{12}$ ② $\frac{21}{32}$ ③ $\frac{9}{25}$

④ $\frac{17}{18}$ ⑤ $\frac{22}{35}$ ⑥ $\frac{17}{48}$ ⑦ $\frac{31}{40}$

⑧ $\frac{18}{55}$ ⑨ $\frac{25}{36}$ ⑩ $\frac{16}{63}$ ⑪ $\frac{25}{39}$

⑫ $\frac{19}{30}$

11단계 ▶▶ 31쪽

① 3   ② 8, 4, 2   ③ $\frac{3}{4}$ ④ $\frac{5}{6}$

⑤ $\frac{2}{7}$ ⑥ $\frac{9}{20}$ ⑦ $\frac{5}{8}$ ⑧ $\frac{4}{9}$

⑨ $\frac{5}{11}$ ⑩ $\frac{5}{12}$ ⑪ $\frac{3}{13}$ ⑫ $\frac{7}{30}$

11단계 ▶▶ 32쪽

① 15, 5, 3, $1\frac{1}{2}$ ② $1\frac{2}{3}$ ③ $1\frac{3}{5}$

④ $1\frac{1}{6}$ ⑤ $1\frac{3}{7}$ ⑥ $1\frac{1}{8}$ ⑦ $1\frac{3}{10}$

⑧ $1\frac{5}{11}$ ⑨ $1\frac{1}{9}$ ⑩ $1\frac{7}{13}$ ⑪ $1\frac{1}{15}$

12단계 ▶▶ 33쪽

① $\frac{5}{16}$ ② $\frac{14}{27}$ ③ $\frac{11}{20}$ ④ $1\frac{2}{15}$

⑤ $\frac{1}{6}$ ⑥ $\frac{3}{7}$ ⑦ $1\frac{1}{2}$ ⑧ $1\frac{1}{3}$

⑨ $1\frac{1}{4}$ ⑩ $1\frac{4}{5}$ ⑪ $1\frac{1}{6}$ ⑫ $2\frac{3}{7}$

12단계 ▶▶ 34쪽

① $\frac{2}{9}$ ② $\frac{1}{10}$ ③ $\frac{5}{11}$ ④ $\frac{3}{13}$

⑤ $\frac{5}{16}$ ⑥ $\frac{7}{24}$ ⑦ $\frac{3}{14}$ ⑧ $\frac{4}{15}$

⑨ $\frac{7}{16}$ ⑩ $1\frac{1}{13}$ ⑪ $1\frac{3}{11}$

13단계 ▶▶ 35쪽

① $\frac{7}{12}$ ② $\frac{2}{5}$ ③ $2\frac{1}{7}$ ④ $\frac{3}{44}$

⑤ $\frac{2}{13}$ ⑥ $\frac{1}{16}$ ⑦ $\frac{14}{39}$ ⑧ $\frac{2}{5}$

⑨ $\frac{5}{36}$ ⑩ $\frac{27}{40}$ ⑪ $\frac{5}{8}$ ⑫ $\frac{4}{55}$

13단계 ▶ 36쪽

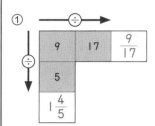

①

④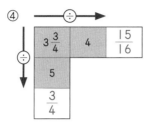

②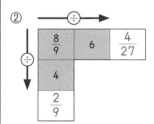

⑤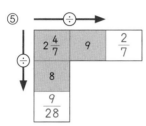

③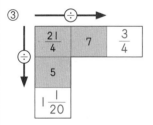

14단계 ▶ 37쪽

① $\frac{2}{3}$　　② $6\frac{2}{3}$　　③ $1\frac{6}{7}$

④ $\frac{1}{2}$, $\frac{2}{5}$, $\frac{5}{8}$, $\frac{1}{3}$

14단계 ▶ 38쪽

① $\frac{3}{14}$　　② $\frac{5}{8}$　　③ $\frac{3}{5}$　　④ $\frac{1}{6}$

둘째 마당 · 소수의 나눗셈

15단계 ▶ 41쪽

① 124 / 12.4　　② 132 / 13.2

③ 141 / 14.1　　④ 101 / 70.7, 10.1

⑤ 312 / 3.12　　⑥ 121 / 1.21

⑦ 324 / 3.24　　⑧ 161 / 8.05, 1.61

15단계 ▶ 42쪽

①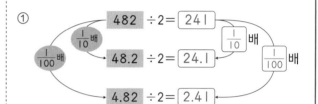

②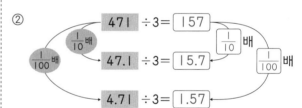

③

④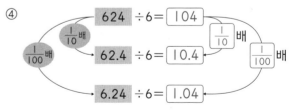

16단계 ▶ 43쪽

① 143, 14.3, 1.43　　② 231, 23.1, 2.31

③ 212, 21.2, 2.12　　④ 101, 10.1, 1.01

⑤ 79, 7.9, 0.79　　⑥ 108, 10.8, 1.08

⑦ 163, 16.3, 1.63　　⑧ 214, 21.4, 2.14

16단계 ▶▶44쪽

① 4.5　　　② 1.39　　　③ 16.9

④ 7.4　　　⑤ 0.87　　　⑥ 7.6

⑦ 0.68　　⑧ 13.6　　　⑨ 1.4

⑩ 1.65

17단계 ▶▶45쪽

① 294, 49, 4.9　　　② 324, 324, 162, 16.2

③ 748, 187, 1.87　　④ 581, 581, 83, 0.83

⑤ 860, 172, 1.72

⑥ 1980, 1980, 495, 4.95

17단계 ▶▶46쪽

① 387, 387, 129, 12.9

② 456, 456, 76, 0.76

③ 3040, 3040, 608, 6.08

④ (예) $\dfrac{584}{100} \div 8 = \dfrac{584 \div 8}{100} = \dfrac{73}{100} = 0.73$

⑤ (예) $\dfrac{1302}{100} \div 7 = \dfrac{1302 \div 7}{100} = \dfrac{186}{100} = 1.86$

⑥ (예) $\dfrac{2454}{100} \div 6 = \dfrac{2454 \div 6}{100} = \dfrac{409}{100} = 4.09$

⑦ (예) $\dfrac{452}{10} \div 5 = \dfrac{4520}{100} \div 5 = \dfrac{4520 \div 5}{100} = \dfrac{904}{100}$
$= 9.04$

18단계 ▶▶47쪽

① 3.8　　　② 17.9　　　③ 14.7

④ 12.7　　⑤ 24.6　　　⑥ 22.9

⑦ 36.8　　⑧ 12.7　　　⑨ 13.6

18단계 ▶▶48쪽

① 1.7　　　② 18.9　　　③ 16.7

④ 14.3　　⑤ 12.9　　　⑥ 13.2

⑦ 47.6　　⑧ 29.8　　　⑨ 23.7

19단계 ▶▶49쪽

① 1.2　　　② 19.6　　　③ 16.8

④ 38.7　　⑤ 15.9　　　⑥ 13.5

⑦ 16.4　　⑧ 8.3　　　⑨ 11.7

19단계 ▶▶50쪽

① 7.9　　　② 9.8　　　③ 23.8

④ 39.6　　⑤ 27.4　　　⑥ 12.9

⑦ 13.2　　⑧ 18.3　　　⑨ 12.3

⑩ 8.6　　　⑪ 9.7

20단계 ▶▶51쪽

① 1.68　　② 1.59　　　③ 1.68

④ 1.25　　⑤ 3.79　　　⑥ 1.34

⑦ 2.64　　⑧ 1.24　　　⑨ 1.16

20단계 ▶▶52쪽

① 1.98　　② 1.89　　　③ 1.94

④ 1.37　　⑤ 1.48　　　⑥ 1.23

⑦ 8.76　　⑧ 8.39　　　⑨ 8.42

21단계 ▶▶53쪽

① 2.86　　② 3.28　　　③ 1.89

④ 1.41　　⑤ 1.39　　　⑥ 1.38

⑦ 13.28　　⑧ 7.96　　　⑨ 8.75

21단계 ▶▶ 54쪽

① 1.76   ② 3.86   ③ 1.39

④ 4.97   ⑤ 1.53   ⑥ 1.22

⑦ 1.77   ⑧ 2.36   ⑨ 12.97

⑩ 6.25   ⑪ 8.16

22단계 ▶▶ 55쪽

① 0.27   ② 0.29   ③ 0.58

④ 0.84   ⑤ 0.43   ⑥ 0.96

⑦ 0.36   ⑧ 0.45   ⑨ 0.63

⑩ 0.62   ⑪ 0.59   ⑫ 0.58

22단계 ▶▶ 56쪽

① 0.34   ② 0.35   ③ 0.42

④ 0.37   ⑤ 0.69   ⑥ 0.53

⑦ 0.61   ⑧ 0.29   ⑨ 0.78

⑩ 0.74   ⑪ 0.83   ⑫ 0.87

23단계 ▶▶ 57쪽

① 0.38   ② 0.76   ③ 0.86

④ 0.74   ⑤ 0.86   ⑥ 0.29

⑦ 0.37   ⑧ 0.16   ⑨ 0.18

⑩ 0.72   ⑪ 0.63   ⑫ 0.92

23단계 ▶▶ 58쪽

① 0.74   ② 0.54   ③ 0.67

④ 0.92   ⑤ 0.36   ⑥ 0.94

⑦ 0.93   ⑧ 0.83   ⑨ 0.59

⑩ 0.85   ⑪ 0.75

24단계 ▶▶ 59쪽

① 0.35   ② 0.85   ③ 0.76

④ 1.65   ⑤ 1.48   ⑥ 1.25

⑦ 1.64   ⑧ 1.35   ⑨ 1.15

24단계 ▶▶ 60쪽

① 2.85   ② 1.72   ③ 0.95

④ 5.25   ⑤ 3.35   ⑥ 5.95

⑦ 3.16   ⑧ 2.45   ⑨ 1.95

25단계 ▶▶ 61쪽

① 0.12   ② 3.15   ③ 1.95

④ 3.15   ⑤ 2.84   ⑥ 1.85

⑦ 3.76   ⑧ 2.25   ⑨ 2.85

25단계 ▶▶ 62쪽

① 4.35   ② 2.45   ③ 0.94

④ 2.15   ⑤ 0.45   ⑥ 1.84

⑦ 8.25   ⑧ 1.35   ⑨ 2.92

⑩ 3.15   ⑪ 2.65

26단계 ▶▶ 63쪽

① 1.09   ② 1.05   ③ 2.08

④ 2.07   ⑤ 3.04   ⑥ 1.09

⑦ 4.06   ⑧ 1.04   ⑨ 1.05

⑩ 1.06   ⑪ 1.05

26단계 ▶▶ 64쪽

① 6.08   ② 5.06   ③ 4.09

④ 7.09   ⑤ 8.05   ⑥ 5.03

⑦ 7.09 　　⑧ 2.07 　　⑨ 9.06
⑩ 5.08 　　⑪ 5.04 　　⑫ 6.05

27단계 ▶▶ 65쪽

① 2.09 　　② 2.08 　　③ 6.03
④ 2.06 　　⑤ 9.05 　　⑥ 8.06
⑦ 5.07 　　⑧ 8.04 　　⑨ 9.05
⑩ 0.05 　　⑪ 9.02 　　⑫ 6.01

27단계 ▶▶ 66쪽

① 2.03 　　② 3.07 　　③ 2.03
④ 5.08 　　⑤ 6.09 　　⑥ 7.06
⑦ 3.01 　　⑧ 0.04 　　⑨ 1.05
⑩ 9.05 　　⑪ 7.05

28단계 ▶▶ 67쪽

① 2.5 　　② 0.75 　　③ 3.5
④ 1.5 　　⑤ 4.5 　　⑥ 1.5
⑦ 0.8 　　⑧ 1.5 　　⑨ 1.6
⑩ 2.5 　　⑪ 0.45 　　⑫ 0.24

28단계 ▶▶ 68쪽

① 2.5 　　② 2.8 　　③ 1.75
④ 2.25 　　⑤ 1.25 　　⑥ 0.75
⑦ 1.75 　　⑧ 2.75 　　⑨ 1.12

29단계 ▶▶ 69쪽

① 0.6 　　② 4.25 　　③ 3.6
④ 2.5 　　⑤ 7.75 　　⑥ 5.2
⑦ 2.25 　　⑧ 0.32 　　⑨ 3.25
⑩ 0.52 　　⑪ 1.75 　　⑫ 0.76

29단계 ▶▶ 70쪽

① 5.5 　　② 2.25 　　③ 4.6
④ 1.75 　　⑤ 6.25 　　⑥ 2.4
⑦ 2.75 　　⑧ 0.76 　　⑨ 1.75
⑩ 1.48 　　⑪ 0.875

30단계 ▶▶ 71쪽

① 0.25 　　② 1.65 　　③ 3.24
④ 3.85 　　⑤ 6.35 　　⑥ 4.6
⑦ 3.05 　　⑧ 2.72 　　⑨ 7.05

30단계 ▶▶ 72쪽

① 6.24 　　② 8.35 　　③ 7.45
④ 3.92 　　⑤ 3.25 　　⑥ 7.05
⑦ 0.84 　　⑧ 0.625 　　⑨ 1.125

31단계 ▶▶ 73쪽

① 예 38, 19 / 1□8□9
② 예 66, 22 / 2□1□7
③ 예 60, 15 / 1□4□9
④ 예 90, 18 / 1□7□9
⑤ 예 84, 12 / 1□1□9
⑥ 예 12, 2 / 1□9□8
⑦ 예 27, 3 / 3□0□3
⑧ 예 40, 5 / 4□9□2

31단계 ▶▶ 74쪽

① 예 12, 3 / 2□8□4
② 예 15, 5 / 4□9□7
③ 예 30, 6 / 6□0□5

④ 예 18, 3 / 2.9□4

⑤ 예 24, 3 / 2.9□4

⑥ 예 54, 6 / 5.9□8

⑦ 예 160, 20 / 1□9.6

⑧ 예 810, 90 / 8□9.7

32단계 ▶▶ 75쪽

① 4.7 　　② 0.86 　　③ 1.38

④ 2.14 　　⑤ 6.3 　　⑥ 0.67

⑦ 6.03 　　⑧ 0.68 　　⑨ 4.75

32단계 ▶▶ 76쪽

① 3.3 　　② 11.7 　　③ 28.8

④ 2.3 　　⑤ 1.53 　　⑥ 1.46

⑦ 0.56 　　⑧ 2.15 　　⑨ 3.95

⑩ 6.04 　　⑪ 2.75

33단계 ▶▶ 77쪽

① 0.48 　　② 13.8 　　③ 8.79

④ 0.89 　　⑤ 8.35 　　⑥ 3.04

⑦ 3.05 　　⑧ 4.5 　　⑨ 2.48

33단계 ▶▶ 78쪽

① 19.5, 3.25 　　② 4.41, 0.63

③ 9.2, 1.15 　　④ 9.36, 1.04

⑤ 6.5, 1.3 　　⑥ 4.75, 0.95

⑦ 2.25, 0.75

34단계 ▶▶ 79쪽

① 1.6 　　② 0.35 　　③ 23.8 　　④ 21.25

34단계 ▶▶ 80쪽

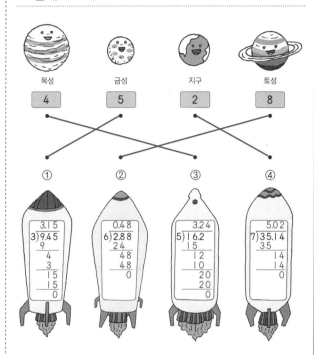

셋째 마당 · 비와 비율

35단계 ▶▶ 83쪽

① 4 / 4 / 4 　　② 2 / 3, 2 / 2 / 2

③ 4, 7 / 4, 7 / 7, 4 / 4, 7

④ 8과 5의 비 / 8의 5에 대한 비

⑤ 16과 9의 비 / 9에 대한 16의 비 /
16의 9에 대한 비

⑥ 12 대 15 / 12와 15의 비 / 15에 대한 12의 비 /
12의 15에 대한 비

35단계 ▶▶ 84쪽

① 1, 3 　　② 5, 1 　　③ 7, 2 　　④ 3, 4

⑤ 4, 9 　　⑥ 7, 5 　　⑦ 2, 9 　　⑧ 11, 8

⑨ 10, 3 　　⑩ 6, 11 　　⑪ 13, 10 　　⑫ 22, 15

36단계 ▶▶ 85쪽

① 4, 3 / 3, 4 / 3, 4 / 4, 3

② 4, 5 / 5, 4 / 4, 5 / 5, 4

③ 3, 7 / 7, 3 / 7, 3 / 3, 7

36단계 ▶▶ 86쪽

① 4, 1	② 3, 2	③ 4, 1	④ 2, 3
⑤ 6, 1	⑥ 2, 5	⑦ 4, 3	⑧ 5, 3

37단계 ▶▶ 87쪽

① 1, 6	② 3, 5	③ 4, 7	④ 5, 1
⑤ 2, 7	⑥ 4, 9	⑦ 7, 6	⑧ 10, 3
⑨ 9, 14	⑩ 1, 8	⑪ 10, 13	

37단계 ▶▶ 88쪽

① 4, 1	② 2, 5	③ 3, 7	④ 4, 3
⑤ 5, 8	⑥ 6, 7	⑦ 8, 3	⑧ 9, 4
⑨ 7, 10	⑩ 11, 25	⑪ 20, 13	⑫ 21, 16

38단계 ▶▶ 89쪽

① 1	② $\frac{4}{9}$	③ $\frac{5}{6}$	④ $\frac{4}{7}$
⑤ $\frac{1}{10}$	⑥ $\frac{3}{13}$	⑦ $\frac{7}{12}$	⑧ $\frac{8}{15}$
⑨ $\frac{8}{23}$	⑩ $\frac{10}{11}$	⑪ $\frac{12}{17}$	⑫ $\frac{16}{25}$

38단계 ▶▶ 90쪽

① $\frac{2}{3}$	② $\frac{4}{5}$	③ $\frac{2}{9}$	④ $\frac{7}{8}$
⑤ $\frac{5}{12}$	⑥ $\frac{2}{3}$	⑦ $\frac{9}{25}$	⑧ $\frac{11}{12}$

⑨ $\frac{13}{6}\left(=2\frac{1}{6}\right)$ ⑩ $\frac{11}{7}\left(=1\frac{4}{7}\right)$

⑪ $\frac{2}{3}$ ⑫ $\frac{7}{9}$

39단계 ▶▶ 91쪽

① 1, 5, 0.5   ② 4, 8, 0.8

③ $\frac{3}{8}$, 375, 0.375   ④ $\frac{7}{10}$, 0.7

⑤ $\frac{12}{5}$, 24, 2.4   ⑥ $\frac{19}{10}$, 1.9

⑦ $\frac{13}{50}$, 26, 0.26   ⑧ $\frac{17}{20}$, 85, 0.85

⑨ $\frac{21}{25}$, 84, 0.84

39단계 ▶▶ 92쪽

① 0.125	② 0.6	③ 0.9
④ 0.15	⑤ 0.32	⑥ 0.22
⑦ 1.3	⑧ 0.56	⑨ 0.66
⑩ 0.5	⑪ 0.6	

40단계 ▶▶ 93쪽

① $\frac{1}{4}$ / 0.25   ② $\frac{2}{5}$ / 0.4

③ $\frac{3}{10}$ / 0.3   ④ $\frac{7}{8}$ / 0.875

⑤ $\frac{6}{5}\left(=1\frac{1}{5}\right)$ / 1.2   ⑥ $\frac{7}{25}$ / 0.28

⑦ $\frac{14}{5}\left(=2\frac{4}{5}\right)$ / 2.8   ⑧ $\frac{11}{20}$ / 0.55

⑨ $\frac{4}{5}$ / 0.8   ⑩ $\frac{9}{10}$ / 0.9

40단계 ▶▶94쪽

① $\dfrac{1}{10}$ / 0.1   ② $\dfrac{3}{4}$ / 0.75

③ $\dfrac{7}{20}$ / 0.35   ④ $\dfrac{6}{25}$ / 0.24

⑤ $\dfrac{8}{5}\left(=1\dfrac{3}{5}\right)$ / 1.6   ⑥ $\dfrac{9}{10}$ / 0.9

⑦ $\dfrac{14}{25}$ / 0.56   ⑧ $\dfrac{31}{50}$ / 0.62

⑨ $\dfrac{9}{5}\left(=1\dfrac{4}{5}\right)$ / 1.8   ⑩ $\dfrac{2}{5}$ / 0.4

41단계 ▶▶95쪽

① 9   ② 30, 30   ③ 50, 50

④ 60, 60   ⑤ 25, 25   ⑥ 35, 35

⑦ 39   ⑧ 90, 90   ⑨ 75, 75

⑩ 85, 85   ⑪ 48, 48   ⑫ 46, 46

41단계 ▶▶96쪽

① 70   ② 80   ③ 55

④ 36   ⑤ 26   ⑥ 150

⑦ 100, 95   ⑧ 100, 84   ⑨ 100, 78

⑩ 100, 72   ⑪ 100, 160   ⑫ 100, 175

42단계 ▶▶97쪽

① 1   ② 100, 30   ③ 4 %

④ 60 %   ⑤ 15 %   ⑥ 38 %

⑦ 75 %   ⑧ 320 %   ⑨ 103 %

⑩ 249 %   ⑪ 461 %   ⑫ 1060 %

42단계 ▶▶98쪽

① 2 %   ② 5 %   ③ 9 %   ④ 25 %

⑤ 43 %   ⑥ 91 %   ⑦ 136 %   ⑧ 208 %

⑨ 375 %   ⑩ 2130 %   ⑪ 10 %   ⑫ 50 %

43단계 ▶▶99쪽

① 25   ② 2, 40   ③ 30   ④ 80

⑤ 50   ⑥ 90   ⑦ 75   ⑧ 80

⑨ 60   ⑩ 25

43단계 ▶▶100쪽

① 32 %   ② 75 %   ③ 60 %   ④ 80 %

⑤ 25 %   ⑥ 45 %   ⑦ 25 %   ⑧ 75 %

⑨ 25 %   ⑩ 25 %

44단계 ▶▶101쪽

① 3   ② 17   ③ $\dfrac{33}{100}$ ④ $\dfrac{41}{100}$

⑤ $\dfrac{57}{100}$ ⑥ $\dfrac{79}{100}$ ⑦ $\dfrac{21}{100}$ ⑧ $\dfrac{49}{100}$

⑨ $\dfrac{63}{100}$ ⑩ $\dfrac{99}{100}$ ⑪ $\dfrac{107}{100}\left(=1\dfrac{7}{100}\right)$

⑫ $\dfrac{237}{100}\left(=2\dfrac{37}{100}\right)$

44단계 ▶▶102쪽

① $\dfrac{1}{50}$ ② $\dfrac{1}{10}$ ③ $\dfrac{2}{5}$ ④ $\dfrac{7}{10}$

⑤ $\dfrac{3}{25}$ ⑥ $\dfrac{13}{25}$ ⑦ $\dfrac{3}{20}$ ⑧ $\dfrac{7}{25}$

⑨ $\dfrac{47}{50}$ ⑩ $\dfrac{29}{25}\left(=1\dfrac{4}{25}\right)$

⑪ $\dfrac{13}{10}\left(=1\dfrac{3}{10}\right)$ ⑫ $\dfrac{5}{2}\left(=2\dfrac{1}{2}\right)$

45단계 ▶ 103쪽

① 5, 0.05	② 8, 0.08	③ 0.12
④ 0.34	⑤ 0.53	⑥ 0.6
⑦ 0.48	⑧ 0.75	⑨ 0.91
⑩ 1.05	⑪ 1.47	⑫ 2.3

45단계 ▶ 104쪽

① 0.04	② 0.09	③ 0.13
④ 0.27	⑤ 0.5	⑥ 0.88
⑦ 0.45	⑧ 0.71	⑨ 0.93
⑩ 1.25	⑪ 1.6	⑫ 2.06

46단계 ▶ 105쪽

① $\frac{4}{5}$ / 0.8	② $\frac{3}{4}$ / 0.75	③ $\frac{3}{10}$ / 0.3
④ $\frac{13}{20}$ / 0.65	⑤ $\frac{4}{5}$ / 0.8	⑥ $\frac{3}{5}$ / 0.6
⑦ $\frac{17}{25}$ / 0.68	⑧ $\frac{3}{10}$ / 0.3	

46단계 ▶ 106쪽

① 0.27 / 27 %	② 0.9 / 90 %
③ $\frac{3}{50}$ / 6 %	④ $\frac{9}{20}$ / 45 %
⑤ 0.26 / 26 %	⑥ $\frac{77}{50}\left(=1\frac{27}{50}\right)$ / 154 %
⑦ $\frac{31}{100}$ / 0.31	⑧ $\frac{9}{50}$ / 0.18
⑨ $\frac{23}{10}\left(=2\frac{3}{10}\right)$ / 2.3	

47단계 ▶ 107쪽

① 60, 80	② 1, 0.2	③ 2	④ 75

47단계 ▶ 108쪽

넷째 마당 · 직육면체의 부피와 겉넓이

48단계 ▶ 111쪽

① 4, 24	② 5, 60
③ 4, 7, 84	④ 2, 7, 5, 70
⑤ 5, 2, 3, 30	⑥ 4, 5, 9, 180
⑦ 8, 3, 5, 120	⑧ 9, 3, 4, 108

48단계 ▶ 112쪽

① 2, 8	② 4, 4, 64
③ 3, 3, 3, 27	④ 5, 5, 5, 125
⑤ 7, 7, 7, 343	⑥ 6, 6, 6, 216
⑦ 8, 8, 8, 512	⑧ 10, 10, 10, 1000

49단계 ▶ 113쪽

① 36 cm³	② 48 cm³	③ 96 cm³

④ 90 cm³   ⑤ 60 cm³   ⑥ 280 cm³

⑦ 729 cm³   ⑧ 1728 cm³

49단계 ▶▶ 114쪽

① 48 cm³   ② 1000 cm³   ③ 189 cm³

④ 360 cm³   ⑤ 120 cm³   ⑥ 360 cm³

⑦ 390 cm³   ⑧ 1331 cm³

50단계 ▶▶ 115쪽

① 40 cm³   ② 126 cm³   ③ 240 cm³

④ 175 cm³   ⑤ 200 cm³   ⑥ 120 cm³

⑦ 540 cm³   ⑧ 630 cm³

50단계 ▶▶ 116쪽

① 64 cm³   ② 343 cm³   ③ 512 cm³

④ 1000 cm³   ⑤ 1728 cm³   ⑥ 3375 cm³

⑦ 27000 cm³   ⑧ 64000 cm³

51단계 ▶▶ 117쪽

① 2   ② 4   ③ 6   ④ 3

⑤ 7   ⑥ 5   ⑦ 3   ⑧ 8

51단계 ▶▶ 118쪽

① 5   ② 4   ③ 2   ④ 6

⑤ 8   ⑥ 7   ⑦ 11   ⑧ 5

52단계 ▶▶ 119쪽

① 1000000   ② 4000000

③ 10000000   ④ 15000000

⑤ 23000000   ⑥ 38000000

⑦ 46000000   ⑧ 51000000

⑨ 9   ⑩ 25   ⑪ 37   ⑫ 42

⑬ 50000000   ⑭ 60

52단계 ▶▶ 120쪽

① 7000000   ② 29000000

③ 53000000   ④ 80000000

⑤ 5   ⑥ 31   ⑦ 10   ⑧ 90

⑨ 100000   ⑩ 1200000

⑪ 3600000   ⑫ 5400000

⑬ 2.7   ⑭ 6.8   ⑮ 7.1   ⑯ 0.3

53단계 ▶▶ 121쪽

① 30 m³   ② 60 m³   ③ 343 m³

④ 150 m³   ⑤ 112 m³   ⑥ 729 m³

⑦ 240 m³   ⑧ 108 m³

53단계 ▶▶ 122쪽

① 120 m³   ② 27000 m³   ③ 96 m³

④ 126 m³   ⑤ 280 m³   ⑥ 360 m³

⑦ 540 m³   ⑧ 4500 m³

54단계 ▶▶ 123쪽

① 84 m³   ② 30 m³   ③ 36 m³

④ 70 m³   ⑤ 90 m³   ⑥ 64 m³

⑦ 192 m³   ⑧ 75 m³

54단계 ▶▶ 124쪽

① 75 m³   ② 81 m³   ③ 130 m³

④ 12 m³   ⑤ 280 m³   ⑥ 1000 m³

⑦ 63 m³   ⑧ 100 m³

55단계 ▶▶ 125쪽

① 26, 52   ② 2, 31, 62

③ 4, 50, 100   ④ 5, 6, 52, 104

⑤ 7, 4, 83, 166   ⑥ 3, 3, 6, 54, 108

55단계 ▶▶ 126쪽

① 126 cm²   ② 76 cm²   ③ 90 cm²

④ 94 cm²   ⑤ 158 cm²   ⑥ 220 cm²

⑦ 162 cm²   ⑧ 232 cm²

56단계 ▶▶ 127쪽

① 2, 12, 62   ② 3, 16, 30, 80, 110

③ 2, 16, 24, 64, 88   ④ 4, 24, 64, 72, 136

⑤ 4, 18, 40, 108, 148

56단계 ▶▶ 128쪽

① 76 cm²   ② 122 cm²   ③ 370 cm²

④ 144 cm²   ⑤ 100 cm²   ⑥ 158 cm²

⑦ 348 cm²   ⑧ 250 cm²

57단계 ▶▶ 129쪽

① 108 cm²   ② 72 cm²   ③ 276 cm²

④ 314 cm²   ⑤ 118 cm²   ⑥ 208 cm²

⑦ 426 cm²   ⑧ 500 cm²

57단계 ▶▶ 130쪽

① 82 cm²   ② 126 cm²   ③ 76 cm²

④ 318 cm²   ⑤ 184 cm²   ⑥ 114 cm²

⑦ 332 cm²   ⑧ 252 cm²

58단계 ▶▶ 131쪽

① 2, 24   ② 4, 96   ③ 7, 6, 294

④ 9, 9, 6, 486   ⑤ 150 cm²   ⑥ 600 cm²

⑦ 384 cm²   ⑧ 864 cm²

58단계 ▶▶ 132쪽

① 54 cm²   ② 216 cm²   ③ 600 cm²

④ 726 cm²   ⑤ 2400 cm²   ⑥ 1350 cm²

⑦ 1176 cm²   ⑧ 3750 cm²

59단계 ▶▶ 133쪽

① 400 cm³ / 340 cm²   ② 729 cm³ / 486 cm²

③ 720 cm³ / 504 cm²   ④ 1728 cm³ / 864 cm²

⑤ 2400 cm³ / 1160 cm²

⑥ 2700 cm³ / 1440 cm²

59단계 ▶▶ 134쪽

① 125 cm³ / 150 cm²   ② 320 cm³ / 288 cm²

③ 350 cm³ / 310 cm²   ④ 8000 cm³ / 2400 cm²

⑤ 300 cm³ / 320 cm²   ⑥ 540 cm³ / 462 cm²

60단계 ▶▶ 135쪽

① 512, 8   ② 180   ③ 992   ④ 1650

60단계 ▶▶ 136쪽

① 3000   ② 2600   ③ 4500   ④ 2700

나에게 맞는 '초등 수학 공부 방법' 찾기

저는 계산이 느리거든요!

저는 '나눗셈'이 어려워요.
저는 '분수'가 어려워요.
– 특정 연산만 보강하면
될 것 같은데….

서술형 수학이 무서워요.
– 문장제가 막막하다면?

전반적으로 계산이 느리고 실수가 잦다면, 진도를 빼지 말고 제 학년에 필요한 연산부터 훈련해야 합니다. 수학 교과서 내용에 맞춘 ≪바빠 교과서 연산≫으로 예습·복습을 해 보세요. 학교 수학 교육과정과 정확히 일치해 연산 훈련만으로도 수학 공부 효과를 극대화할 수 있습니다.
부담 없는 분량과 친절한 연산 꿀팁으로 빨리 풀 수 있어, 자꾸 하루 분량보다 더 풀겠다는 친구들이 많다는 놀라운 소식!

뺄셈, 곱셈, 나눗셈, 분수, 소수 등 특정 영역만 어렵다면 부족한 영역만 선택해서 정리하는 게 효율적입니다.
예를 들어, 4학년인데 곱셈이 약하다고 생각한다면 곱셈 편을 선택해 집중적으로 훈련하세요.
≪바빠 연산법≫은 덧셈, 뺄셈, 구구단, 곱셈, 나눗셈, 분수, 소수 편으로 구성되어, 내가 부족한 영역만 골라 빠르게 보충할 수 있습니다.

개정 교육 과정은 과정 중심의 평가 비중이 높아져, 정답에 이르는 과정을 서술하게 합니다. 또한 중고등학교에서도 서술 능력은 더욱 비율이 높아지고 있죠. 따라서 요즘은 문장제 연습이 중요합니다.
빈칸을 채우면 풀이 과정이 완성되는 ≪나 혼자 푼다! 수학 문장제≫로 공부하세요!
막막하지 않아요~ 요즘 학교 시험 풀이 과정을 손쉽게 연습할 수 있습니다!

이렇게 공부가 잘 되는 영어 책 봤어?
손이 기억하는 영어 훈련 프로그램!

정확한 문법으로 영어 문장을 만든다!

초등 기초 영문법은 물론 중학 기초 영문법까지
해결되는 책!

* 3·4학년용 영문법도 있어요!

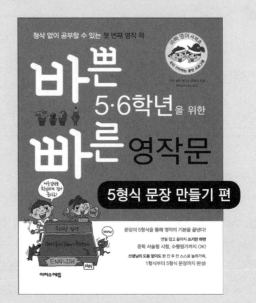

첨삭 없이 공부할 수 있는 첫 번째 영작 책!

연필 잡고 쓰기만 하면 1형식부터
5형식 문장을 모두 쓸 수 있다!

띄엄띄엄 배웠던 시제를 한 번에 총정리!

동사의 3단 변화도 저절로 해결!

과학적 학습법이 총동원된 책!

짝단어로 외우니 효과 2배!

* 3·4학년용 영단어도 있어요!